笑着流泪，也不哭着后悔

方道　编著

中国华侨出版社

图书在版编目（CIP）数据

宁愿笑着流泪，也不哭着后悔 ／ 方道编著．—北京：中国华侨出版社，2016.11

ISBN 978-7-5113-6460-9

Ⅰ．①宁…　Ⅱ．①方…　Ⅲ．①成功心理－通俗读物　Ⅳ．①B848.4-49

中国版本图书馆CIP数据核字（2016）第256784号

● 宁愿笑着流泪，也不哭着后悔

编　　著／方　道
责任编辑／文　喆
封面设计／一个人·设计
经　　销／新华书店
开　　本／710毫米×1000毫米　1/16　印张/16　字数/230千字
印　　刷／北京一鑫印务有限责任公司
版　　次／2017年1月第1版　2019年8月第2次印刷
书　　号／ISBN 978-7-5113-6460-9
定　　价／32.00元

中国华侨出版社　北京市朝阳区静安里26号通成达大厦3层　邮编100028
法律顾问：陈鹰律师事务所
编辑部：（010）64443056　64443979
发行部：（010）64443051　传真：64439708
网　　址：www.oveaschin.com
E-mail：oveaschin@sina.com

前言 preface

在这个世界上，有的人富贵满堂，春风得意，有的人却家徒四壁，一无所有。有的人顺风顺水，功成名就；有的人却命运多舛，郁郁而终。一样的世界，每时每刻都在上演着不一样的人生悲喜剧。或许习惯了命运的安排，于是，每每不如意时，我们就用这样一个词来安慰自己——命运。

信命的人总是认为，自己从呱呱坠地时起，就已经注定要扮演怎样的角色，有钱有势也好，穷困潦倒也罢，一切皆是命运的安排。有时我们也是这样，下了一番功夫以后，没有立竿见影，就感叹：真是命运不济，老天爷都不照顾。于是便认了命，索性放弃努力，于是命运就再没有过起色。

很欣赏这样一句话：上帝也只能掌握我们命运的一半！

君不见，有人生于朱门，锦衣玉食，接受最好的教育，身边大把的机遇，却不思进取，胡作非为，败了家境，毁了自己，甚至锒铛入狱。又有人，生于寒窑，红薯拌饭，大学考得上，学费交不上，却矢志不移，一步一高，赚了金子，圆了好梦，人生成了风景。更有人，天生迟钝，抑或四肢不全，然身残志坚，与自己斗，与命运争，其间不知洒了多少血泪，反把人生活得异于常人的圆满。

所以这里还有一句话你应该相信：命运的另一半在我们自己手上。

不幸的事情虽然总是在不断上演，但不过是为了让我们有所领悟，如果你还在抱怨："为什么受伤的总是我？"答案就是你仍未从中学会该学的功课，所以苦难就会一再出现，直到你真正学会为止。

人生的不幸昭示的不纯粹是磨难，它或许是要告诉你，原来的那种活法已经不适合；或许是要告诉你，原来的要求和目的与现实有偏差。那么现在，则是你需要改变的时候。事实上只要你愿意，总有一条路可以去你想去的远方，做你想做的自己。

就像在惊涛骇浪的海中孤独行驶的船只一样，为了靠岸，你需要一直向着灯塔的方向前进，你可能觉得灯塔太远了……当有一天，你抵达灯塔下面，站在灯塔上看海，会猛然发现，原来自己可以走得这么远。

目录
contents

第一辑　关于昨天
被伤害的过去，只是为了生命的成熟

　　人生的磨难很多，所以我们不可以对每一件伤害都过于敏感。在生活磨难面前，精神上的坚强是我们抵抗人生意外的最好武器。别害怕生活里的那些伤害和失败，有时候伤害和失败不见得是一件坏事，它会让你变得更好。每件事到最后一定会变成一件好事，只要你愿意坚持到最后。

第一章　你所受的伤害，自己也有责任

　　　　人生中所有的痛苦，自己都有责任 / 2
　　　　负面情绪会让你彻底沉沦 / 4
　　　　生活的景象出自自己的手笔 / 7
　　　　困住你的只能是自己 / 9
　　　　不出色是因为你不够努力 / 11
　　　　人往往都是被自己抛弃的 / 13
　　　　生活的阴影源于内心的阴霾 / 14
　　　　只要有所改变，就会有所不同 / 16

第二章　那些让人痛苦的，都是让人成长的

有些痛苦，我们必须要经历 / 18
走得远的人，都是一路摸爬滚打来的 / 20
让人疼痛的部分其实是个宝 / 22
破茧成蝶，是撕掉一层皮的痛苦 / 23
折磨是促使你不断进步的动力 / 25
有批评才有收获 / 27
生命里的羞辱正是催人奋进的力量 / 29
每一次伤害，都伴随着一次成长 / 31

第三章　命运对不起你，你更要对得起自己

人的心态会最终决定他的价值 / 34
凡事都往好处看，生活就会更好 / 36
走过低谷会知道，逆境原来是祝福 / 38
再悲伤的开始，也能演成欢喜的结局 / 40
命运给你加了盖子，你就把它顶开 / 42
只有你能决定自己的人生是好是坏 / 44

第四章　记得失败的精彩，便没有辜负未来

不要为打翻的牛奶哭泣 / 47
失败不可怕，忘记初心才致命 / 49
失败也可以成为一种财富 / 51
能够东山再起的人更了不起 / 53
摔倒了别忘在手里抓一把沙 / 55
从失败的废墟里挖出金子来 / 57
战胜困难，就能迎来人生的春天 / 59

第五章　天会亮，雨会停，生活都是这样

生命无常，最好坦然接受 / 62
停止过去的坏，才有好的开始 / 64
你要知道，太阳每天都是新的 / 66
比困难更强大，它就打不倒你 / 68

第六章　无论如何，都别让眼睛失去光泽

阴暗的时候，画扇窗给自己 / 70
别让自卑毁了你的聪明才智 / 72
无论何时，都不要否定自己 / 73
不断抗争的生命里没有灾难 / 75
只要相信，希望永在 / 77
所有的一切都能够应付过去 / 79

第二辑　关于现在
活好每一个当下，就算对得起自己

一个人未来能通向什么地方，不是靠预测，而是看今天你都干了什么，干得怎样。就算生命很长，但人生的意义却是从你想努力的那天才开始。现在，你必须活好每一个当下，做好每一件该做的事情，如此，才能不辜负这么聪明的自己。

第一章　与其含泪抱怨，不如专注做更有意义的事

抱怨是最消耗能量的无益举动 / 82

去努力争取，而不是抱怨得到的少 / 84
只会抱怨的人，有机会他也抓不住 / 86
一味抱怨生活，不如动手改造生活 / 88
抱怨怀才不遇，其实是还不够好 / 90
别怨别人在你不好的时候选择逃跑 / 92

第二章　不要等到明天，才记起今天该准备什么

既然活着，每天总得收获点什么 / 96
默默储备，就可能一鸣惊人 / 98
把时间花在进步上，而不是虚度 / 100
有所准备，机会才不会被浪费 / 102
积蓄知识比积蓄金钱更重要 / 104
储存每一条可能对你有用的信息 / 106
积累实力，才有日后的厚积薄发 / 109

第三章　改变不了别人的看法，就改变自己的活法

做好自己，不必在乎冷嘲热讽 / 112
让别人泼来的冷水沸腾起来 / 115
只要志气在，没人可以看不起你 / 117
没人疼的时候，就自己拯救自己 / 118
你的尊严，永远不可以被毁灭 / 121

第四章　别让舒适的床铺，成为青春的枷锁

青春，不是用来辜负的 / 124
生活，不是用来混的 / 128

生命，不是靠别人供养的 / 130
懒惰者，总与机会差一步 / 132
一时的荣耀，照不亮一生 / 134
学习的苦根上终会长出甜果 / 136
不想被淘汰，就把斧头磨快 / 138

第五章　规划好现在，未来才不会杂乱无章

人生路，不能走一步看一步 / 141
未来的模样取决于现在的策划 / 144
有份大规划，才能成就大事情 / 146
别把精力分散到太多的事情上 / 148
了解自己在哪里能实现最大价值 / 151

第六章　请以谦卑之心，迎接世界的丰盛

不是谁都可以一步登天 / 153
好高骛远的人往往摔得很重 / 155
做大事需要一种"空杯心态" / 158
不懂就问，借别人的知识扩充自己 / 160
要善于借鉴成功者的经验 / 162

第三辑 关于未来
每一个不曾起舞的日子，都是对生命的辜负

人们的生存结构就像是一个金字塔，只有相对少数的一些人生存在金字塔的顶端，蒸蒸日上，繁荣兴旺，而大部分人则一直处在金字塔的底部，每天只能收支相抵，量入为出。可事实是，那些处在金字塔顶端的人每天并不比我们多拥有一分钟，为什么他们就能在同样的时间里，做出让我们仰慕的成就呢？因为他们在没成功的时候，就一直在准备着未来。

第一章 人生定位越高，成就就越辉煌

人活着，总得活出些价值 / 166
再苦的日子也要让未来有盼头 / 168
你现在的想法，决定未来的活法 / 171
梦想足够远大，成就才能更高 / 173
梦想越低，人生的可塑性就越差 / 175
如果你是千里马，一定要跑给别人看 / 177
要时刻想着成为最好的那一个 / 179

第二章 等到的，是命运；走出来的，才是人生

没有一个成功群体叫空想家 / 182
要成功就得先行动 / 184

主动出击才能抓住机会 / 186
快人一步，就能够抢占先机 / 188
坐等机遇不如创造机遇 / 190
就算概率再小，也要试试 / 192
少一些犹豫，便少一些后悔 / 195

第三章　只要努力，成功也许会迟到，但绝不会缺席

当初不尽力，如今才会不如意 / 198
真正的梦想，需要汗水来浇灌 / 200
努力让自己成为有价值的人 / 202
比别人多做点，机会就会更多点 / 204
想要不被取代，就要不可替代 / 206
只要肯努力，没人能阻止你前进 / 208

第四章　现在流下的泪水，都是当初胆怯的懊悔

因为胆怯，我们常常一无所获 / 211
不敢向前一小步，就要落后一大步 / 213
财富有时离你很近，可你却躲开了 / 215
一时胆小逃避，一辈子追悔莫及 / 217
顾虑太多，失掉的机会就很多 / 219
在机遇面前，不应因风险而退缩 / 221

第五章　你可以慢，但不能停

我们在路上，梦想就在路上 / 223
应该坚持的一定要坚持下去 / 226

也许打开门的正是最后一把钥匙 / 228
执着，能使成功成为必然 / 230

第六章　成长，是一辈子都在走的路

你可以对现状满意，但不要满足 / 232
成长的道路上你永远不能停步 / 234
知足不前，就会迎来危机 / 235
自己认准的路就要一直走下去 / 238
无论情况多坏，都别轻易认输 / 240
永远为下一个未来继续努力 / 242

第一辑　关于昨天
被伤害的过去，只是为了生命的成熟

　　人生的磨难很多，所以我们不可以对每一件伤害都过于敏感。在生活磨难面前，精神上的坚强是我们抵抗人生意外的最好武器。别害怕生活里的那些伤害和失败，有时候伤害和失败不见得是一件坏事，它会让你变得更好。每件事到最后一定会变成一件好事，只要你愿意坚持到最后。

第一章　你所受的伤害，自己也有责任

这世间的事，有果必有因，你今天所遭受的不好的"果"，必然是当初某个不好的"因"种下的。所以，你完全没有资格去抱怨社会和别人，你有抱怨的时间，不如好好反省一下自己，看看自己当初到底做错了什么，避免在今后的日子里再犯同样的错误。并且，你要尽力去把这个不好的结果扭转。

人生中所有的痛苦，自己都有责任

有个朋友跟爹妈结了半辈子的心结，总觉得父母看不起他，所以工作和生活一旦出了点什么问题，就拿这事出来说"你们说我没出息，我就没出息给你们看"！这个逻辑真有些莫名其妙，不能苟同。理由很简单，无论你出息或不出息，你的人生都是你自己的，不是你爹妈的。

这种对抗情绪带来的古怪逻辑其实在生活中很常见，例如"这个领导对我不好，所以我把工作搞得一团糟让他难堪"这样一来，你的职业前途必然晦暗无光。

其实我们生命里的痛，有些可能是别人给的，但大部分还是我们自己造成的，就算是别人给你的疼痛，你为什么要接受它呢？所以，你也有责任。所以你必须为自己的人生伤痛负责，而不是逃逸或者把责任推给别人。

曾听过这样一个故事：

有一个人从外地回家，驾车行驶在高速公路上，他车子的前方不远处是一辆货车，车上堆满了重物。很不幸，那辆车捆绑货物的绳子没有拴牢，货物在行驶途中掉落下来，他紧急刹车，但距离太短，为时已晚，车祸瞬间发生了。

这个人因此截掉了双腿，只能在轮椅上度过余生，他充满了怨恨。这个人的老师希望帮他从痛苦中解脱出来，于是来访时问了他几个问题。

第一个问题："是谁选择开车上路的？"

"是我。"他回答。

"是谁选择在这个时间回家？"

"是我。"

"回家的路有那么多条，是谁选择走这条路？"

"是我。"

"高速公路上的车子那么多，是谁选择跟在这部车的后面？"

他低下了头，默不作声，若有所思。

老师看了看他，继续说道："东西没绑好，掉落的概率很大，这是已存在的事实。但最后的结果是谁让它发生的呢？如果不是你选择在这个时间上路，不是你选择走这条路，不是你选择跟在这部车的后面，甚至没有保持足够的安全距离，那么即使东西掉下来，也没有人会受伤，不是吗？所以，你认为你究竟该不该负责任呢？"

老师的话如当头棒喝，深深敲击他的灵魂。是的，是他自己做的决定,又有什么理由一直深恨、抱怨别人呢?

他想通了,决定扛起一切责任。而就在那一刻,所有的怨恨都不见了。他想,以前一直想写一些自己的人生感悟,可苦于奔波,无暇下笔,现在不正好有时间了吗?他振作精神,用心撰写,竟然一鸣惊人——他的第一本书就很畅销。现在,他已经是一家文化公司的老总了。

你人生中所有的痛苦,自己都有责任,所以不要一味埋怨、抱怨,对别人的"过错"纠缠不休,耿耿于怀。多从自身找原因,才是对自己的人生负责,你只有对自己的人生负起责任,才能保护好自己以及自己想要保护的人。

负面情绪会让你彻底沉沦

看到过很多怨男怨女帖,内容大致都是以一副受害者的面目在诉说自己的悲惨故事。一再向人们强调,"你看,我没钱没势没背景,没个没胸没相貌,活脱脱的弱势群体,因为是弱者所以被别人欺负"。这条完整的论证链条,试图说服大家相信:"我"身上所出现的一切问题,都是弱势处境的外因造成的,不是"我"不想好好做人,而是生活不给我这个机会。

但事实上,你现在的弱势处境,是你自己造成的。一个人现在的困境,必是受困于过去的失误或过错。所以你大不必因此委屈抱怨,更不该以此为自己找借口、博同情，而应该认真思索一下，以往的自己究竟做错了什么。

韦斯利先生刚刚走出办公大楼，身后就传来"嗒……嗒……嗒……"的声音，很显然，那是盲人在用竹竿敲打地面探路。韦斯利先生愣了片刻，接着，他缓缓转过身来。

盲人觉察到前面有人，似乎突然矮了几分，蜷着身子上前哀求道："尊敬的先生，您一定看得出我是个可怜的盲人吧？你能不能赏赐这个可怜人一点时间呢？"韦斯利先生答应了他的请求，"不过，我还有事在身，你若有什么要求，请尽快说吧。"他说。

片刻之后，盲人从污迹斑斑的背包中掏出一枚打火机，接着说道："尊敬的先生，这可是个很不错的打火机，但是我只卖2美元。"韦斯利先生叹了口气，掏出一张钞票递给盲人。

盲人感恩戴德地接过钞票，用手一摸，发现那竟然是张百元美钞，他似乎又矮了几分："仁慈的先生啊，您是我见过最慷慨的人，我将终生为您祈祷！愿上帝保佑您一生平安！先生您知道吗？我并非天生失明，我之所以落到这步田地，都是拜15年前迈阿密的那次事故所赐！"

韦斯利先生浑身一颤，问道："你是说那次化工厂爆炸事故吗？"

盲人见对方似乎很感兴趣，说得越发起劲："是啊，就是那一次，那可是次大事故，死伤好多人呢！"盲人越说越激动，"其实我本不该这样的，当时我已经冲到了门口，可身后有个大个子突然将我推倒，口中喊着'让我先出去，我不想死！'而且，他竟然是踩着我的身子跑出去的！随后，我就不省人事，待我从医院中醒来时，就已经变成了这个样子！"

谁知，韦斯利先生听完以后，口气突然转冷："詹姆斯先生，据我所知，事情并不是这样，你将它说反了！"

盲人亦是浑身一颤，半晌说不出一句话来。韦斯利先生缓缓地说："当时，我也在迈阿密化工厂工作，而你，就是那个从我身上踏过去的大个子，因为，你的那句话，我这一辈子也忘不了！"

盲人怔立良久，突然一把抓住韦斯利先生，发出变调的笑声："命运是多么的不公平！你在我身后，却安然无恙，如今又能出人头地，我虽然跑了出来，如今却成了个一无是处的瞎子！这灾难原本是属于你的，是我替你挡了灾，你该怎么补偿我？！"

韦斯利先生十分厌烦地推开盲人，举起手中精致的棕榈手杖，一字一句地说道："詹姆斯，你知道吗？我也是个瞎子，你觉得自己可怜，但我从不！"

即使生命在某一刹那遭逢巨大变故，但只要还没有宣判你的死刑，你就依然拥有改变命运的机会，但如果你自己放弃了，就不要奢望别人的同情。

生活中很多人都喜欢扮演弱者的角色，目的不过是为了得到宽容和同情。而事实上，习惯装可怜的人往往让人感到厌烦，少数人会哀其不幸，多数人则是怒其不争，到了最后，就连他们自己都会在这些负面的念头中彻底沉沦。

所以，不要总是一副楚楚可怜的样子好吗？你抱怨再多，也不可能改变现状，唯有及时警醒，从过错带给你的负面影响中走出来，才能走出新的人生。不要再让别人觉得你可怜，无论我们最终会成为什么样的角色，但你必须是自己生命中的主角。

第一辑 关于昨天 被伤害的过去，只是为了生命的成熟

生活的景象出自自己的手笔

　　生活里的风波不断，角色也会经常变换，我们无法奢求生活给自己带来多少，但我们可以决定自己过怎样的生活。你可以过得很好，也可以过得很坏，关键看你用什么样的心态去适应生活。无论我们处于何种人生低谷，我们都有权利选择自己的态度，而这态度，将最终决定生活的模样。

　　有两个一起长大的孤儿都被来自欧洲的外交官家庭所收养。两个人都上过世界上有名的学校。但她们两个人之间却存在着不小的差别：其中一个30多岁就成了女强人，经营着一家颇有名气的企业；而另一个在国内某所学校任教，待遇也不错，但她一直觉得自己很失败。

　　那年，在欧洲经商的孩子回国了，邀请亲友邻居一起吃饭，也包括在国内任教的那个朋友。晚餐在寒暄中开场，大家谈论着这些年各自的发展变化以及所经历的趣闻逸事。随着话题的一步步展开，教师开始越来越多地讲述自己的不幸：她是一个如何可怜的孤儿，又如何被欧洲来的父母领养到遥远的地方，她觉得自己是如何的孤独。她怀着一腔报国的热忱回国，又是如何不受重视等。

　　开始的时候，大家都表现出了同情。随着她的怨气越来越重，那位经商的孩子终于忍不住制止了她的叙述："可以了！你一直在讲自己多么不幸。你有没有想过，如果你的养父母当初在成百上千个孤儿中

挑选了别人又会怎样？"教师直视着她的朋友说："你不知道，我不开心的根源在于……"然后接着描述她所遭遇的不公正待遇。

最终，经商的孩子说："我不敢相信你还在这么想！我记得自己25岁的时候无法忍受周围的世界，我恨周围的每一件事，我恨周围的每一个人，好像所有的人都在和我作对似的。我很伤心无奈，也很沮丧。我那时的想法和你现在的想法一样，我们都有足够的理由抱怨。"她越说越激动。"我劝你不要再这样对待自己了！想一想你有多幸运，你不必像真正的孤儿那样度过悲惨的一生，实际上你接受了非常好的教育。你负有帮助别人脱离贫困旋涡的责任，而不是找一堆自怨自艾的借口把自己围起来。在我摆脱了顾影自怜，同时意识到自己究竟有多幸运之后，我才获得了现在的成功！"

那位教师深受震动。这是第一次有人否定她的想法，打断了她的凄苦回忆，而这一切回忆曾是多么容易引起他人的同情。

一个人对生活的态度，将会影响他生活的颜色。其实星星还是那颗星星，世界依然是那个世界。你用欣赏的眼光去看，就会发现很多美丽的风景；你带着满腹怨气去看，你就会觉得世界一无是处。

有句话说得好，"凡墙都是门"，即使你面前的墙将你封堵得密不透风，你也依然可以把它视作你的一种出路。琐碎的日常生活中，每天都会有很多事情发生，如果你一直沉溺在已经发生的事情中，不停地抱怨，不断地指责，总觉得别人都比你过得好，总觉得生活错待了自己。这样下去，你的心境就会越来越沮丧。一直只懂得抱怨的人，注定会活在迷离混沌的状态中，看不见前头亮着一片明朗的人生天空。

所以请欣然接受生命中的事实，不管人生怎么样，总要让自己的生命充满了绚烂与光彩，不要总觉得谁都对不起你。人生有无限的可能，一切都在你手里。

第一辑　关于昨天　被伤害的过去，只是为了生命的成熟 ‖

困住你的只能是自己

也许现在，贫穷的生活正像枷锁一样困扰着你，你急切希望能像有钱人一样愉快地生活，却总是不能如愿。你把自己消极情绪的原因一股脑儿地推给了命运，爹妈没钱成了你没能成功的借口。是的，咱们爹妈很穷，但他们再穷，也已经把最好的东西给了你，难道这还不够吗？当我们在责怪可怜的父母时，是不是该扪心问问自己：我穷，是应该怪父母当初不努力，还是要怪自己一直不够努力？

兰子和陈娟是大学同学，上大学的时候两个人修的都是美术专业。兰子生在农村，家里穷，有些自卑，不太与人交往，一门心思扑在学习上，也正因如此，她的成绩一向很好，设计的作品不止一次摘得省级比赛大奖，在学校时便有才女之称。陈娟则完全是另一副样子，她生来就是个小公主，人也长得漂亮，学习这种事压根不放在心上，大学时期最重要的事情就是找个对眼的男生谈一段罗曼蒂克的恋爱，她的毕业作品其实都是花钱请人代笔的。

这个世界有时确实让人恼火，很多时候，有才华的人偏偏遭逢怀才不遇的境遇。大学毕业以后，兰子费了好大力气才来到一所中学当上美术教师，每个月的工资也只有2000多元，生活有些拮据。更让她烦心的是，她一直希望自己将来可以嫁个有钱有貌的老公，这样一下子就可以改变生活境遇，从此就能和陈娟她们那些人站在同一台阶上

9

了。可是，她本身长得并不是多么惊艳，现在的工作也不是多么出彩，于是真的就高不成低不就了——条件好的看不上她，和她条件相仿的她还看不上。然而最让她接受不了的是，陈娟那个上大学时只知道谈恋爱的富家女，凭借家里的关系，竟然轻而易举地进入当地一家知名报社做了美编，每个月的薪水有4000多元！而且听说，市里不少"青年才俊"都在追她。

现实带给二人的巨大反差令兰子心中窝火，她的性格变得越来越偏激，每次只要在报刊上看到陈娟的名字，都会喋喋不休地数落世界的不公。渐渐地，陈娟认命了，她不愿意再努力——"反正自己有才也比不上家里有钱，再怎么努力也是白费！"——她这么想，也是这么做的，她开始消极怠工。

陈娟则截然相反，她的才华原本远不及兰子，但在进入报社以后突然上进起来，也是由于在这里经常能够接触一些上层作品，使得陈娟的灵气被激发，专业水平突飞猛进。

两年之后，兰子的工作态度彻底惹怒了校领导，她丢掉了赖以生存的饭碗。而陈娟却因为业务扎实、思维新颖，被逐步提升为报社的美编主任。这时的兰子已经无法再小看陈娟了，因为就其作品而言，陈娟的美术功力显然已经超过了自己。

出生的那一刻，我们的家庭背景便已注定，完全由不得我们选择，但，这又何干？未来的路很长，一个不同的起点根本决定不了什么，然而你对它的态度将决定最终的结果。

如果我们能够正视所谓的命运，正视你所必须承受的种种不快，对抗它带给你的伤害，你就有机会成为自己想象中的样子。而生活带给你的那些痛苦，其实只是为了告诉你它想要教给你的事，你一遍学不会，就痛苦一次，总是学不会，就会在同样的地方反复摔跤。

第一辑　关于昨天　被伤害的过去，只是为了生命的成熟 ‖

不出色是因为你不够努力

　　人们常常在青春逝去以后，才渐渐发觉，留给自己的时间已所剩无几。也正是如此，才有了古人一声叹息：少壮不努力，老大徒伤悲。

　　少壮不努力，老大徒伤悲！现实生活中，很多人都是这样。大多数情况下各种成功的可能都被自己的放纵、懒惰和不自律给扼杀在了摇篮之中。

　　燕儿最近很难过，觉得好多不顺心的事儿都凑到了一起。

　　找工作时，面试官要求英文面试，自己口语向来不佳，毫无意外地被淘汰出局。自己的男友居然看上了一个身材火辣的女生，拂袖而去。而自己的好姐妹们，最近好久都没联系了，对自己的态度也是冷冰冰的。

　　燕儿觉得自己做人失败极了。她开始认真地反省。这才发现：当年学习英语羞于出口，考试不必考口语，因此也没有多认真去练习这一块，考上大学后，更是觉得这一块可以放松了，不必理会，就是这样的心态让自己与喜欢的工作失之交臂；对于男友，自己也是抱着"反正有人要"的心态，懒得去打扮自己，也不愿意下决心减肥，时日一长，把自己弄得一团糟，男友自然离去。那些姐妹们，自己有多久没有尝试着去融入她们的小圈子了？因为她们总是追求一些新潮的东西，她们都在与时俱进，而自己嫌麻烦无趣，浪费精力，因此很少加入其中，逐渐成为边缘人也是理所当然。

这样的无奈生活中时常遇到，就像燕儿那样，上学时觉得英文难，不愿努力去学，到二十几岁遇到一个待遇很好但要求精通英文的工作，也只能眼睁睁地与它失之交臂；小时候觉得学游泳难，放弃学习的机会，到20岁遇到一个你喜欢的人约你去游泳，也只能独自哀叹了……只是，很多时候，这样的无奈只是生活中的一个小插曲，并未引起我们的思考，然而，真到了某一天，当一个人生重大转机摆在面前而我们却又无能为力时，我们才会开始憎恨当初不尽力的自己，然而，这又有何用呢？

青年阶段，是人生最美好的时光，在此期间，一个人的精神和身体状态正处于高峰期，正是刻苦学习，补充新事物，接受世界变化和发展的黄金时期。这个时候，越嫌麻烦，越懒得学，越不愿意付出，日后就越有可能错过让你动心的人和事，错过新风景。相反，如果从一开始就知道打理自己，坚持克服难题，今后的境遇，或许就又是另一番景象了。事实上，面对时间的流逝，每个人都在对自己的人生作出选择：寻欢作乐、无所作为、游戏人生是选择；孜孜不倦、争分夺秒、埋头苦干也是选择。不同的选择会把我们导向不同的生活之路，使人生呈现出不同的色彩与价值。所以，别逗一时之欢乐，那样的话你将遗憾终身，俗话说："今天你笑，明天就哭；今天你哭，明天就笑。"努力奋斗虽然会让人感到些许痛苦，但因为懦弱和懒惰而留下的遗憾，却不会再有弥补的机会。

混日子很简单，一分一秒就能做到，而想要生活得好一点，想要生命更有价值，就得以努力为铺垫。所以，别再为自己的不努力找理由了，这只会让你越来越甘于平庸。你不知道，在你为一件事情找理由、想懈怠时，很多聪明又努力的人已经在想办法去解决了，这样的话，你很快就会被他们远远地甩在身后。

第一辑 关于昨天 被伤害的过去，只是为了生命的成熟 ‖

人往往都是被自己抛弃的

　　人生不怕陷落，最怕自甘堕落，这个世界不会抛弃任何人，只有我们能够抛弃自己。

　　当遭逢了某些伤害以后，自甘堕落的人总认为自己是最不可救药的瘫痪者，这是人所能达到的最深的残废。因为他们不能自救，所以谁也救不了他们。

　　英国某报纸刊登了一张查尔斯王子与一位流浪汉的合影。这个面容憔悴、神志萎靡的流浪汉不是别人，他是查尔斯王子曾经的校友克鲁伯·哈鲁多。在一个寒冷的冬天，查尔斯王子拜访伦敦的穷人时，这个流浪汉突然说道："王子，我们曾经在同一所学校读书。""那是什么时候？"查尔斯王子反问道。流浪汉回答："在山丘小屋的高等小学，我们还曾经互相取笑彼此的大耳朵呢！"

　　原来，这个名叫克鲁伯·哈鲁多的流浪汉曾经有个显赫的家世，他的祖辈、父辈都是英国知名的金融家，他年幼时的确与查尔斯王子就读于同一所贵族学校。后来，他成了一个声誉不错的作家，并加入了英国成功者俱乐部。直到这个时候，应该说克鲁伯·哈鲁多都是让很多人羡慕的。那么他为何会落魄到今天这个境地？原来，在遭遇两度婚姻失败后，克鲁伯开始酗酒，最后由一名作家变成了流浪汉。但事实上，克鲁伯是被失败的婚姻打败的吗？显然不是，打败他的俨然就是他的心态，从他放弃积极正面心态的那一刻起，他就已经输掉了自己的一生。

很多人就像这个流浪汉一样，不是被挫折打败，而是让自己毁于心态。如果你的内心认为自己失败了，那你就永远地失败了。诺尔曼·文森特·皮尔说："确信自己被打败了，而且长时间有这种失败感，那失败可能变成事实。"而如果你不承认失败，只认为是人生一时的挫折，那你就会有成功的一天。

事实上，从根本上决定我们生命质量的不是金钱、不是权力、不是家世，甚至不是知识、不是学历，也不是能力，而是心态！一个健全的心态比一百种智慧更有力量。一个且歌且行，朝着自己目标永远前进的人，整个世界都会给他让路。

生活的阴影源于内心的阴霾

人生的一切变化、一切魅力、一切美，都由光明和阴影构成。光明与阴影相互交融，光明背面是阴影，而阴影尽头有光明。

一个人，如果一辈子走不出阴影，伴随一生的就是噩梦，谁的心遮住了阳光，阴影便和谁狭路相逢。

可还记得写下"我有一所房子，面朝大海，春暖花开"这一绝妙诗句的天才诗人海子？为何一个才华横溢、享有盛名的天才选择卧轨自杀？或是，因为他没有悟透光明与阴影，只看到了社会的阴影，放大了阴暗，所以，他把自己与这个世界隔离开来，郁郁寡欢，最终，上演了人生的悲剧。

生活的快乐与悲伤，一直都在我们的思想里。许多人走不出人生各个不同阶段或大或小的阴影，并非因为他们天生的个人条件比别人要差多远，而是因为他们没有思想，也没有耐心，慢慢找准一个方向，一步步向前，直到眼前出现新的洞天。

忽视光明的存在，只看到阴影的人是注定不能快乐的，战胜不了心中的阴影，我们将永远无法走到阳光下。

有一种鱼，叫仙胎鱼。仙胎鱼在水中游动异常灵敏，再加上身体透明，在水中极难辨认，外行人想捕到仙胎鱼，简直像摘星一般难。

然而，反应灵敏的仙胎鱼，却被内行的渔人大量捕捉。

渔人捕捉仙胎鱼的方法很简单，只要两个人各划一只木筏，在河中央相对拉开距离，再用一根粗麻绳贴着水面系在两只木筏中间。然后，两人同时划着木筏，缓缓往岸上靠。而在岸上等着的渔人一见木筏快靠岸了，便纷纷拉起渔网，到岸边就能轻易地捞起仙胎鱼。

为什么只用一根贴在水面上的绳就能把鱼赶到岸边呢？

原来，仙胎鱼有一个致命的弱点：只要一有影子投射水中，它们是宁死也不敢靠近的。水中一根绳子的阴影，竟把仙胎鱼赶进了死胡同。

每个人的过去，都沉淀着一些噩梦，让我们为之纠缠，为之惊魂，空耗着青春与生命。如果一见到阴影就胆怯、退缩，那么，一抹小小的阴影，也会堵死人生的一切出路。

不要让自己害怕阴影，更不要让自己活在阴影里，不管是自己的，还是别人的。

只要有所改变，就会有所不同

生命中所有的不如意并非不可更改，前提是你愿意改变并愿意为之付出努力。

这世间的事，有因必有果——每一个行为都有一种结果。我们日复一日地写下自身的命运，因为我们的所为决定我们的命运。这就是人生的逻辑和法则。

换言之，过往发生在我们身上的一切错误，造成了今天梦想的贻误。所以，我们必须学着改变自己，因为自己还不完善，还有很多缺点需要去改。

有一个卖花的小姑娘，在辛苦了一整天以后准备回家吃饭，这时她的手中还有两朵玫瑰花，她看到路边有一个乞丐，于是将那花儿送给了他。

这个小姑娘的不经意之举，却改变了一个人的命运。

乞丐从没想到会有美女送花给自己，幸福来得太突然了，他从来没有用心爱过自己，也没有接受过别人对自己的爱，在他的眼中，这个世界一直是很冷漠的，可这一瞬间，一股暖流在他的心中流淌，当即他做了一个决定：今天不行乞了，回家！

到家以后，他在角落里找出一个瓶子，装了些水，将玫瑰花养了起来。他出神地望着玫瑰花，静静地，呆呆地……突然，他把花拿了出来。原来，他觉得这瓶子太脏了，根本配不上如此漂亮的玫瑰花，他将瓶子洗了又洗，然后重新将花插了进去。

这时他又觉得桌子太脏、太乱了，花儿摆在上面一点也不协调，于是他又开始擦桌子，收拾杂物。

那么，这么漂亮的玫瑰花，这么干净的桌子，怎么能放在这么肮脏的屋子中。接下来他又开始收拾房间，把所有的物品都摆放整齐，把所有的垃圾清理出去。这个乞丐的家，因为有了这朵玫瑰花而变得整洁、明亮起来。他第一次发现原来自己的生活可以这样整齐。他在屋子里忘情地舞动起来。突然，他发现镜子里有一个蓬头垢面、衣衫褴褛的年轻人，原来自己竟是这副模样，这样的人有什么资格待在这样的房间里与玫瑰相伴呢？于是他立刻去洗了几年来唯一洗过的一次澡，然后找出一件虽然陈旧但还算干净的衣服，又对着镜子刮去了满脸的胡子。这时镜子中出现的，俨然是一个年轻帅气的小伙子。

他突然发现，自己其实还是蛮不错的，为什么要去当乞丐呢？他多年以来第一次这样考问自己，他的灵魂在瞬间觉醒了。他当即决定，从此以后再不行乞了，他要找一份正正当当的工作。这是他一生中最重要的决定。

因为不怕脏不怕累，很快他就找到了一份工作，心中的那朵玫瑰花一直激励着他，他不懈地努力着，40岁的时候，他成了当地非常有名气的民营企业家。

当你自己改变了，一切也就变了。每个人都有主宰自己生活的能力，前提是你不能放弃自己。别让自己沉沦，只要开始做一些小小的改变，人生终究会有所不同。

第二章　那些让人痛苦的，都是让人成长的

生命里，有日出就有日落，有白天就有黑夜，有顺风就有逆风，有坦途就有坎坷。一段突如其来的变故，固然令人痛苦，却也催人成长。此时，我们需要在痛苦中总结经验，在失败中汲取教训，因为，真正的幸福还未来到，以后的路，我们能走得更稳、更远。

有些痛苦，我们必须要经历

有人说，人的脸形就是一个"苦"字，天生就该受尽各种苦难。此言不谬。想人的一生，在自己的哭声中临世，在亲人的哭声中辞世，中间几十年的生活，无时无刻不在与艰巨、困苦、疾病、灾害打交道。生活，给每个人都背上了一个沉重的十字架。人们，都在缓慢而艰辛地朝着自己的目的地前行。

这途中，有的人受不了负累，停了下来。他觉得：这十字架太沉了，就这样背着它走，还不得把自己累死啊！于是，他抽出刀，毫不犹豫地将十字架砍掉一些。

这下子，他着实感觉轻松了不少。他就这样向前走着，每每感到

第一辑　关于昨天　被伤害的过去，只是为了生命的成熟

疲倦的时候，就砍掉一截，他现在感觉自己浑身舒畅，看别人都在负重前行，龇牙咧嘴，他却能边走边轻松地哼歌呢。

然而走着走着，前边忽然出现了一个跨不过去的深沟。沟上没有桥，两旁也无路可绕，这个时候也没有孙悟空、白龙马来帮助他。难道这条路不是让人过的？

正在他茫然四顾的时候，那些背着沉重十字架被他甩在后面的人们赶了上来，他们纷纷将自己的十字架搭在沟上，做成桥，然后从容不迫地走了过去。

他也想照着去做，然而动手搭桥时才发现，因为之前十字架被自己不断地削砍，已经无法铺设到沟壑的另一边。他只能眼睁睁地看着别人越走越远，自己却在原地打转，嘴里反复地念叨着那句：曾经有一个完整的十字架扛在我的肩上，我没有好好珍惜，等到需要的时候才追悔莫及，人世间最痛苦的事情莫过于此啊！

人世间有些痛苦我们必须要经历，它就是我们那沉重的十字架。它，也许是我们的学习，也许是我们的工作，也许是我们的情感，也许是我们的责任和义务，这些都可能让我们感觉疲惫，心力交瘁，然而任何一样我们都不能放弃，少了任何一样，我们的生命都不能算完整。

走得远的人，都是一路摸爬滚打来的

英国劳埃德保险公司曾从拍卖市场买下一艘船，这艘船1894年下水，在大西洋上曾138次遭遇冰山，116次触礁，13次起火，207次被风暴扭断桅杆，然而它从没有沉没过。

劳埃德保险公司基于它不可思议的经历及在保费方面给自己带来的可观收益，最后决定把它从荷兰买回来捐给国家。现在这艘船就停泊在英国萨伦港的国家船舶博物馆里。

不过，让这艘船名扬天下的却是一名来此观光的律师。当时，他刚打输了一场官司，委托人也于不久前自杀了。尽管这不是他的第一次失败辩护，也不是他遇到的第一例自杀事件，然而，每当遇到这样的事情，他总有一种负罪感。他不知该怎样安慰这些在生意场上遭受了不幸的人。

当他在萨伦船舶博物馆看到这艘船时，忽然有一种想法，为什么不让他们来参观参观这艘船呢？于是，他就把这艘船的历史抄下来和这艘船的照片一起挂在他的律师事务所里，每当商界的委托人请他辩护，无论输赢，他都建议他们去看看这艘船。

它使我们知道：在大海上航行的船没有不带伤的。

不入海的船，就跟废铁一样，可一旦入了海，又怎么少得了风浪的拍打，暗礁的触碰？人生同样如此，走得远的人，都是一路摸爬滚打、风吹雨打过来的；而贪图安逸的人，看似少了不少苦难，却不知

第一辑　关于昨天　被伤害的过去，只是为了生命的成熟

真正的苦都在人生的后半段。

有这样一则寓言，足以引起我们的反思。

据说很久以前，武夷山上有两块大石，他们相伴千载，看尽人世沧桑、六道轮回。

一天，一块石头对另一块石头说："不如我们去尘世磨炼磨炼吧，能够体验一下世间的坎坷及磕碰，也不枉来此世一遭。"

后者不屑："何必去受那份苦呢？在此凭高远眺，数不尽的美景尽收眼底，青山翠柏、香茗异草陪伴身旁，何等惬意！再说，这一路碰撞不断、磨难重重，会令我们粉身碎骨的！"

于是，前者晃动身躯，顺山溪滚滚而下，一路左磕又碰，周身伤痕累累，但它依然执着地向前奔波，终入江河，承受着流水与岁月的打磨。

后者嗤之以鼻，安立于高山之上，看盘古开天辟地时留下的风光美景，享风花雪月的畅意情怀。

又过千载，前者在尘世的雕琢、锤炼之下，成为稀世珍品、石艺奇葩，受万人瞻仰。后者得知，亦想效仿前者，入尘世接受洗礼，赢得世人赞叹。但每每想到高山上的安逸、享乐，想到尘世的疾苦，想到粉身碎骨的危险，它便不舍了、退却了。

再后来，世人为更好地珍藏石艺奇葩，决定为它及它的同伴建造一座别具一格的博物馆，建筑材料全部用石头，以突出"石"的主题。于是，世人来到武夷山上，将那块贪图安逸、贪图享乐的大石及很多石头砸成碎块，为前者盖起了一幢"别墅"。后者痛哭，它终还是粉身碎骨，但碎得未免太不值得。

所以，很多时候，因为选择的不同，资质上相差无几的人便有了不一样的命运：有些人放弃安逸，甘受风霜的洗礼、尘世的雕琢，便

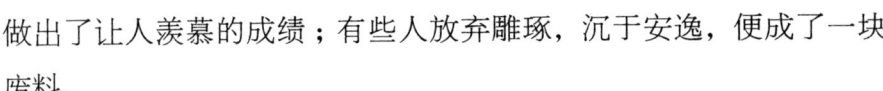

做出了让人羡慕的成绩；有些人放弃雕琢，沉于安逸，便成了一块废料。

我们做人，不要像玻璃那样脆弱，应该像水晶一样透明，太阳一样辉煌，蜡梅一样坚强。既然我们想要睁开眼睛享受风中的清凉，就不要再害怕风中细小的微沙。

让人疼痛的部分其实是个宝

人们最好的成绩往往是处于逆境时做出的。思想上的压力，甚至肉体上的痛苦都可能成为精神上的兴奋剂。在那些曾经受过折磨和苦难的地方，最能长出思想来。

看到过这样一篇火灾报道。一个工厂的宿舍区夜里着起了大火。当时，许多工人还在加班赶工，只有几个人在宿舍里，这其中有一个上了年纪的人，平时在食堂里帮忙做饭。那天夜里，火势很大，肆虐的火焰封锁了消防通道。但为了求生，人们还是一股脑儿向通道涌去。等救援人员赶到现场时，那里已经是一片狼藉。那些快逃到门口的人横七竖八地倒在地上，有的被大面积烧伤，奄奄一息，有的被倒塌的梁柱击中要害，当场死亡。唯独有一个人例外，他是一个老人，躺在厕所后边一扇破了的窗户下面，只受了点微伤。

这让救援人员十分惊讶，他们根本不相信体弱年衰的老人能逃出来，何况还没受什么伤。

更令人惊讶的是，这个老人一只眼睛已经盲了，而且腿部还有残疾，平时走起路来一瘸一拐的。

有人问他："当时你怎么想的？"

他说："我没多想，就是马上想起了自己平时最留意的地方。因为我只有一只眼睛，平时我就努力记住容易被别人忽略的地方，比如厕所后面那面矮窗户，一般人不会重视它，我正是从那里爬出来的。"

有个记者追问他："逃生时你不感到身体疼痛吗？"

"当然，但是根本顾不上了，正是因为疼痛，我才不走和他们同样的求生道路，我只想早点摆脱这种疼痛，没想到爬出窗户就不疼了。"

在场的人跷起大拇指，噙着泪连声说佩服。

原来，让我们疼痛的那部分，其实是个宝。

不顺和挫折，会让人清醒，让人警觉，不至于在庸碌生活中太不思上进，不至于在琐碎事务中太迷失自己。让我们疼痛的那部分是上帝赐予我们的一只手，在关键时刻拉我们一把，扭转局面，实现目标。

我们应该感谢来自痛苦的鞭策，因为它让我们能在疼痛中看清自己的弱点，能更好地读懂人性，能更深刻地明白世事。

破茧成蝶，是撕掉一层皮的痛苦

成长的过程，必然要伴随着一些阵痛，这是高大和健壮的前奏，在这个过程中，或者经历过一些挫折或者百转千回又或者惊心动魄，最终总会让你明白——所有的锻炼不过是再次呈现，我们还没学会的功课。所以说我们要学着与痛苦共舞，这样我们才能看清造成痛苦来源的本质，明白内在真相。更重要的是，它能让我们学到该学的功课。

曾看到这样一则故事：

有个人凑巧看到树上有一只茧开始活动，好像有蛾要从里面破茧而出，于是他饶有兴趣地准备见识一下由蛹变蛾的过程。

但随着时间的一点点过去，他变得不耐烦了，只见蛾在茧里奋力挣扎，将茧扭来扭去的，但却一直不能挣脱茧的束缚，似乎是再也不可能破茧而出了。

最后，他的耐心用尽，就用一把小剪刀，把茧上的丝剪了一个小洞，让蛾出来可以容易一些。果然，不一会儿，蛾就从茧里很容易地爬了出来，但是它身体非常臃肿，翅膀也异常萎缩，耷拉在两边伸展不起来。

他等着蛾飞起来，但那只蛾却只是跌跌撞撞地爬着，怎么也飞不起来，又过了一会儿，它就死了。

飞蛾在由蛹变茧时，翅膀萎缩，十分柔软；在破茧而出时，必须要经过一番痛苦的挣扎，身体中的体液才能流到翅膀上去，翅膀才能充实有力，才能支持它在空中飞翔。其实它痛苦的时候，也正是成长的时候，只是被那个无知的人无情地剥夺，造成了生命的脆弱。其实我们的人生也是如此，任何一种生存技能的锤炼，都需要经历一个艰苦的过程，任何妄图投机取巧减少努力的行为都是缺乏短见的，人世之事，瓜熟才能蒂落，水到才能渠成，与飞蛾一样，人的成长必须经历痛苦挣扎，直到双翅强壮后，才可以振翅高飞。

所以，感谢给你苦难的一切吧，感激我们的失去与获得，学会理智，学会释怀，不要消沉于痛苦之中不能自拔，更不能让你爱的人和爱你的人为你担心，因你痛苦。痛苦不过是成长中必然经历的一个过程，如果你没有走出痛苦，那是因为你还没有成熟。

折磨是促使你不断进步的动力

每一种折磨或挫折，都隐藏着让人成功的种子。那些折磨过我们的人和事，往往正是人生中最受用的经历。它们就像牡蛎一样，虽然会喷出扰乱前途的沙子，可是内涵却在于体内那一颗颗绚丽的"珍珠"！折磨，就像我们脚下垫的一块砖，会让我们站得更高，看得更远。

当年，莎士比亚曾在斯特拉福德镇做剪毛工维持生计。不过，虽然他有一双能写的手，但剪羊毛的技术却让人不敢恭维，因此，他常常受到老板的责骂。距离斯特拉福德镇不远处，耸立着一座贵族别墅，它的主人是托马斯·路希爵士。有一天，当时年轻冒失的莎士比亚与镇上一些闲散人员带着枪偷偷溜进了爵士的花园，并在那里打死了一头鹿。很不幸，莎士比亚被抓了个现行，被关在管家的房中整整囚禁了一夜。这一夜里，莎士比亚可谓是饱受侮辱，他恢复自由以后做的第一件事，便是写了一首尖酸刻薄的讽刺诗贴在花园的大门上。这一举动让爵士大发雷霆，声称要通过法律形式，严惩那个写诗骂人的偷鹿贼。这种情况下，莎士比亚在家乡根本就待不下去了，他只好前往伦敦另谋生路。就像作家华盛顿·欧文所说的那样——"从此斯特拉福德镇失去了一个手艺不高的剪毛工,而全世界却获得了一位不朽的诗人。"

如果没有爵士的折磨,莎士比亚可能会一直在家乡做那个手艺不高又懒散的剪毛工人,这种悠闲的生活很可能一直继续下去。但当人生受到侮辱与威胁之时,莎士比亚被迫做出了新的选择,而正是这一选择成就了他璀璨的人生。换言之,正是爵士的折磨成就了莎翁的人生,我们甚至可以说,爵士还是莎士比亚生命中的一个贵人呢!

人,若是惧怕痛苦,惧怕折磨,惧怕不测的事情,那么他的人生中就只剩下"逃避"二字。别让"逃避"成为你的代名词,如果你想成功,便需学会如何对待"折磨"。你只有感谢曾经折磨过自己的人或事,才能体会出那实际上短暂而有风险的生命意义;你只有懂得宽容自己不可能宽容的人,才能看见自己心中的辽阔,才能重新认识自己。

所以,当有人折磨你时,不妨想想罗曼·罗兰的那句话——"从远处看,人生的不幸折磨还很有诗意呢!"是的,这个时代,众多竞争对手使我们立于没有硝烟的战场之中,也许我们无法选择,也许这场战争使我们饱受折磨,但是——我们完全可以把它当成充满诗意的鞭策,就让别人来驱散我们的惰性,逼着我们不断向前。假如大家能够具备这种心态,那我们大抵就可以做事了。

生命是一个不断蜕变的过程,有了折磨它才能进步,才能得到升华。对于别人的折磨,我们应以一颗积极的心去看待,感谢他们,感谢他们的折磨,他们是你生命中不断进步的动力,是提升你个人魅力的最佳拍档。

第一辑 关于昨天 被伤害的过去，只是为了生命的成熟

有批评才有收获

　　批评的话的确没有赞美的声音顺耳，却能让人时刻警醒自己。倘若当年没有魏徵的直谏，或许大唐盛世就不会那么早来临。可纵然心胸宽阔如唐太宗，亦曾扬言要杀魏徵，可见接受批评真的不是件容易的事。

　　可是，如果没有那些批评的声音，如果不论做什么别人都奉承你是"对的"，骄纵自满必然油然而生，人生的高度便不会再得到提升。所以，感谢批评你的人吧，正是因为有了批评的声音，人生路上我们才走得更稳健，我们才懂得取舍、学会理智、学会包容，也更加珍惜赞美。感谢所有批评你的人吧，因为他们指出了你的缺点和不足，宁可伤你一时，不愿害你一生。

　　汪小云刚从大学毕业的时候，被分配在一个离家较远的公司上班。每天清晨7时，公司的专车会准时等候在一个地方接送她和她的同事们。

　　一个骤然寒冷的清晨，闹钟尖锐的铃声骤然响起，汪小云伸手关闭了吵人的闹钟，打了个哈欠，转了个身又稍微赖了一会儿暖被窝。那一个清晨，她比平时迟了一会儿起床，当她抱着侥幸的心理，匆忙奔到专车等候的地点时，已经是7点5分，班车开走了。站在空荡荡的马路边，她茫然若失，一种无助和受挫的感觉第一次向她袭来。

　　就在她懊悔沮丧的时候，突然看到了公司的那辆蓝色轿车停在不远处的一幢大楼前。她想起了曾有同事指给她看过那是上司的车，她想真是天无绝人之路。她向那车走去，在稍稍犹豫后打开车门悄悄地

坐了进去，并为自己的聪明而得意。

为上司开车的是一位慈祥温和的老司机。他从反光镜里已看她多时了，这时，他转过头来对她说："你不应该坐这车。"

"可是班车已经开走了，不过我的运气真好。"她如释重负地说。

这时，她的上司拿着公文包飞快地走来。待上司习惯地在前面的位置上坐定后，她才告诉他说："对不起，班车开走了，我想搭您的车子。"她以为这一切合情合理，因此说话的语气充满了轻松随意。

上司愣了一下，但很快坚决地说："不行，你没有资格坐这车。"然后用无可辩驳的语气命令："请你下去！"

她一下子愣住了——这不仅是因为从小到大还没有谁对她这样严厉过，还因为在这之前她没有想过坐这车是需要一种身份的。就凭这两条，以她过去的个性定会重重地关上车门以显示她对小车的不屑一顾，而后拂袖而去。可是那一刻，她想起了迟到将对她意味着什么，而她那时非常看重这份工作。

于是，一向聪明伶俐但缺乏生活经验的她变得从来没有过的软弱，她用近乎乞求的语气对上司说："我会迟到的。"

"迟到是你自己的事。"上司冷淡的语气没有一丝一毫的回旋余地。

她把求助的目光投向司机，可是老司机看着前方一言不发。委屈的泪水蓄满了她的眼眶，她强忍住不让它们流出来。

车内一下子陷入了沉默，她在绝望之余为他们的不近人情而伤心。他们在车上僵持了一会儿。最后，让她没有想到的是，她的上司打开车门走了出去。坐在车后座的她，目瞪口呆地看着有些年迈的上司拿着公文包，在凛冽的寒风中挥手拦下一辆出租车，飞驰而去。泪水终于顺着她的脸颊流淌下来。

老司机轻轻地叹了一口气："他就是这样一个严格的人。时间长

28

了，你就会了解他。他其实也是为你好。"

老司机给她说了自己的故事。他说他也迟到过，那还是在公司创业阶段，"那天他一分钟也没有等我，也不要听我的解释。从那以后，我再也没有迟到过。"

汪小云默默地记下了老司机的话，悄悄地拭去泪水，下了车。那天她下车踏进公司大门的时候，上班的钟点正好敲响。

从这一天开始，她长大了许多。

仔细想想，能让你长久记住的，恰恰是那些真正批评过你的人，因为他们是真心对你好，真心想帮助你。所以，当别人批评你时，你应该为此而高兴，因为他无偿告诉了你现在正处于什么样的位置，你应该怎么做才能更好，对于这样一个收获，你难道不应该向批评你的人表示感谢吗？

当你看到繁花落尽时，还能释然地微笑；当你知道人生不只有阳光时，还能无畏远方；当你知道生活还有着批评伴随你成长，那你就正在走向成熟。

生命里的羞辱正是催人奋进的力量

生活中，我们随时可能一不小心就受到不平等的待遇，特别是在我们还贫穷的时候。贫穷并不可怕，受不平等待遇，甚至受侮辱也不可怕，可怕的是，我们在受侮辱后麻木不仁。只要有奋发向上的决心，被歧视也能成为一种力量，并把这种力量用好，终有一天，当我们回头看自己走过的路时,我们会感谢曾经受过的歧视。

美国地产大王哈利曾经是一名工厂的机器清洗工,由于日常清洗机器时,工作服经常会沾上机油,以致衣服上留下了斑斑点点的洗不掉的机油污渍。他万万没想到,就因为他的工作服有些污渍,竟经受了一次耻辱的经历。

那天,他下班后去一家商场挑选了很多日用品。当他在收银台前排队的时候,前面一名也在排队的妖艳女人回头看到他的衣服有污渍时,竟认为很脏,捂着鼻子走开,把本来想买的东西随地一扔就走出了商场。哈利虽然感觉受到侮辱,倒还是没表现出来。

约一分钟后,又有个女人提着购物篮走过来排队,刚走到哈利身后时,也凑巧看到他身上的油渍就突然走开了。

哈利觉得这两个女人都装模作样,假装高贵。他知道,他的衣服虽然有点污渍,但每天都洗过,其实并不脏。他想,因为工作的关系,不可能一下班就西装革履呀,这些女人也真没修养。

正当他边想边排队,快轮到他结账的时候,商场的保安突然走过来把他拉了出去。

他质问保安:"为什么这样对待我?"

保安说:"商场有规定,谢绝衣服不干净的顾客,而且刚才有人向商场投诉了你。"

尽管他理直气壮地跟保安辩论,但还是被赶了出来。围观的人很多,他觉得这是有生以来受到的最大的侮辱。

那天晚上,他失眠了。他含泪发誓,一定要尽快拼搏,再也不让人"瞧不起"。从第二天开始,他每天除了吃喝拉撒,全部用来工作。下班后马上到附近一家餐厅做洗碗工。

由于他的敬业,3个月后,他被提拔为清洗车间经理。1年后,他有了一些积蓄，便联合了一位朋友开了一家商场。他想，在哪里跌倒，就要在哪里爬起来。他要让他的商场成为穷人的购物天堂，所以他规定，凡是工厂里的工人，只要凭工作证，都给予 8 折优惠。

果然，他如愿以偿。后来，哈利有了大笔资金后。又涉足房地产。终于在 10 年后拥有两亿美元的个人资产，成为美国的地产大王。

羞辱是可能促使一个人走向成功之道的。一个人如果能把羞辱化为动力，顽强地站起来，就能活得更有尊严，取得最后的胜利。而且，当你再回头望过去时，你会认识到，要是没有从前的羞辱，就不会有你日后的努力和成功。

这不仅让人想起一首诗：

"我相信有一天，我流过的泪将变成花朵和花环，我遭受过千百次的遍体鳞伤，将使我一身灿烂……"

每一次伤害，都伴随着一次成长

人活着，就会有很多的伤害，这就是实实在在的生活。是无数的伤害与被伤害，让我们成长，让我们懂得什么是生活。

不要害怕伤害，也不要憎恨曾经伤害你的人，因为，是他们，告诉了我们什么是生活的真相；是他们，教会了我们如何成长；是他们，让我们变得更加坚强。

南非前总统曼德拉被誉为"20 世纪最杰出的民族解放运动领导者

之一",也是最有声望的政治人物之一,而这一切都离不开他痛苦坎坷而富有传奇的经历。

1962年,因创建军事组织"民族之矛",曼德拉被南非政府以煽动罪和非法越境逮捕,判处5年监禁。那一年,曼德拉刚刚43岁。5年的时间不是很长,何况曼德拉早就做好了入狱的准备,他对此还是很乐观的。到了1964年,情况急转直下,南非当局认为曼德拉领导的组织有企图暴力推翻政府的嫌疑,这样一来,他的罪名就很重了。结果,他被南非当局改判无期徒刑。无期徒刑,意味着一辈子都要被监禁,这对于任何人来说都是难以承受的,然而到了这时曼德拉仍然很豁达,在他看来,虽然是含冤入狱,但结果已经无法改变,最好的方法就是坦然面对。

可想而知,狱中的生活是何其枯燥乏味,而且他在狱中也遭受了非人的折磨。南非当局为了把曼德拉变成一个"废人",每天只给他一个小时的放风时间,其余23个小时,曼德拉都被关在没有光线、没有书籍的单独房间中,他被人为地完全孤立了。但曼德拉一直顽强地忍受着,始终没有放弃"建立一个自由平等,没有种族歧视的新南非"的理想。

见曼德拉如此坚强,南非当局又将他转入罗本岛上的监狱服刑,并经常让他去采石场当苦力。虽然如此,但曼德拉依然坚强不改,他想办法申请到一块菜园,自己种地。他这样做,一是为了缓解自己的痛苦;二是因为他始终坚信自己能够重获自由,但他从不想那时自己已经疾病缠身,毕竟多年的狱中生活很容易拖垮人的身体。此外,曼德拉还每天坚持跑步、做俯卧撑,尽可能地保持身体的强健。

为了彻底摧垮曼德拉的精神世界,南非当局甚至禁止家人探视曼德拉,这一禁令整整持续了21年,直到1984年,南非当局才首次同意让曼德拉夫人与其进行接触性探视。两人一见面，就紧紧地拥抱在一起，曼德拉像是梦呓一般地说："这么多年了，我终于再次拥抱了我的妻子。算起来，我已经有 21 年没有碰过我夫人的手了。"

非人的折磨并没有击倒曼德拉，他依靠强大的意志力征服了种种困难，最终赢来了自己的成功。1990 年，南非政府宣布无条件释放曼德拉，这个时候的曼德拉已经赢得了所有南非人民乃至全世界人民的敬仰。翌年，曼德拉当选为南非总统。在总统就职仪式上，曼德拉情真意切地说道："当我走出囚室，迈出通往自由的监狱大门时，我已经清楚，自己若不能把悲痛与怨恨留在身后，那么我其实仍在狱中。"

人生时常是这样，就如潮起潮落的海水，一浪紧接着一浪。对于伤害，有时我们无法躲避，就只能学会去承受、去忍耐。在经历一次又一次的考验和无数的伤害后，我们的心开始不再脆弱。于是才发现，这正是一种成长的过程，教会我们在困难中坚持与忍耐，教会我们在低落时看到未来与希望。

同时，请放下心中的怨念，宽恕曾经伤害过你的人，因为这些伤害丰富了你的阅历，圆满了你的人生。伤害也是成长的一部分，我们都要经历。

第三章　命运对不起你，你更要对得起自己

人生虽然有逆境，但不可能处处是逆境；事业虽然有低谷，也不可能处处是低谷。因为顺境或巅峰而趾高气扬，因为逆境或低谷而垂头丧气，都是浅薄的人生。对于命运，如果只是一味地抱怨，那么注定永远是个弱者。你要知道，命运的一半在上帝手里，还有一半在我们自己手里。

人的心态会最终决定他的价值

人的心态，犹如一条线，而人身上的优点，就像一颗颗珍珠。好心态会将珍珠穿成一串美丽的项链，让人生闪闪发光，幸福绚丽；而一条脆弱的线，会使珍珠散落在地，沾满尘埃，失去本身的价值。

曾经有过一场被视为破烂拍卖会的拍卖。拍卖商走到一把古筝旁——一把看起来非常旧、非常破、样子磨损得非常厉害的古筝。拍卖商拨了一下弦，结果发出的声音难听得要命。他看着这把又旧又脏的古筝，皱着眉头、毫无热情地开始出价，100元，没人接手。他把价格降到50元，还是没有反应。他继续降价，一直降到5元。他说："5

块钱，只要 5 块钱。我知道它值不了多少钱，可只要花 5 块钱就能把它拿走！"

就在这时，一位头发花白、戴着眼镜的老妇人走上前来，问他能否看看这把琴。她拿出手绢，把灰尘和脏痕从古筝上擦去。她慢慢拨动着琴弦，一丝不苟地给每一根弦调音。然后她端坐在这把破旧的古筝前，开始弹奏。从这把古筝上流淌出的乐曲是现场许多人听过的最美的声音。

拍卖商又问起价是多少。一个人说 200 元，另一个人说 500 元，然后价格就一直上升，直到最后以 2000 元成交。

为什么有人愿意花 2000 元买一把破旧的、曾经 5 块钱都没人要的古筝？因为它已经被调准了音，能够弹出优美的乐章。一个人也像一把筝，你的心态好比弦，调整好了心态，才能充分体现你的价值。

我们前途的美好，必然伴随着坎坷的过程。在我们追求未来的时候，不少人就是被其间的时间的冗长、失败的阴影、痛苦的回忆，甚至烦琐的杂事而搞得天翻地覆，最终有始无终。保持好的心态，将帮助我们克服这一切障碍。

凡事都往好处看，生活就会更好

每天，你都能选择享受你的生命，或是憎恨它。这是唯一一件真正属于你的权利，没有人能够控制或夺去的东西，就是你的态度。如果你能时时注意这件事实，你生命中的其他事情都会变得容易许多。

卡特是个不同寻常的人。他的心情总是很好，而且对事物总是有正面的看法。

当有人问他近况如何时，他会答："我快乐无比。"

他是个饭店经理，却是个独特的经理。因为他换过几个饭店，而有几个饭店侍应生总跟着他跳槽。他天生就是个鼓舞者。

如果哪个雇员心情不好，卡特就会告诉他怎样去看事物的正面。

这样的生活态度实在让人好奇，终于有一天，有人对卡特说："这很难办到！一个人不可能总是看着事情的光明面，你又是怎样做到的？"

卡特回答："每天早上我一醒来就对自己说，卡特，你今天有两种选择，你可以选择心情愉快，也可以选择心情不好——我选择心情愉快；每次有坏事发生时，我可以选择成为一个受害者，也可以选择从中学些东西——我选择从中学习；每次有人跑来向我诉苦或抱怨，我可以选择接受他们的抱怨，也可以选择指出事情的正面——我选择后者。"

第一辑　关于昨天　被伤害的过去，只是为了生命的成熟

"是！你说得对！可是没有那么容易做到吧？"

"就是那么容易！"卡特答道，"人生就是选择，当你把无聊的东西全部剔除以后，每一种处境就只有一个选择。你可以选择如何去应对各种处境、你可以选择别人的态度如何影响你的情绪、你可以选择心情舒畅或是糟糕透顶，总之，选择的权利在你。"

几年后，听说卡特出事了：一天早上，他忘记了关后门，被3个持枪歹徒拦住。歹徒对他开了枪。幸运的是，发现得早，卡特被送进了急诊室。经过18个小时的抢救和几个星期的精心治疗，卡特出院了，只是仍有小部分弹片留在他的体内。

6个月后，一位朋友见到了卡特，当问及他的近况时，卡特回答："我快乐无比，想不想看看我的伤疤？"

朋友趋身去看卡特的伤疤，又问他，当强盗来时都在想些什么。

"第一件是——我应该关后门。"卡特答道，"当我躺在地上时，我告诉自己有两个选择：一是死，一是活——我选择了活。"

"你不害怕吗？你有没有失去知觉？"朋友问道。

"医护人员都很好，他们不断告诉我，我会好的。但当他们把我推进急诊室后，我看到他们脸上的表情，从他们的眼中，我读到了'他是个死人'。我知道我需要采取一些行动了。"

"你采取了什么行动？"朋友马上追问。

"有个身强力壮的护士大声问我问题，她问我有没有对什么东西过敏。我马上回答'有的'。这时，所有的医生、护士都停下来等着我说下去。我深深吸了一口气，然后大吼道'子弹'！在一片大笑声中，我又说——我选择活下去，请把我当活人来医，而不是死人。"

自从人具有了生命，便有了自己的人生。对于许多人来说，人生将是一个曲折而又漫长的过程。由于存在着许多难以预料的问题，而

37

使人有困惑和茫然的感觉。然而夜虽黑，皓月之下总会有一方净土。尽管我们还会遇到种种困难，各式麻烦，还需要付出苦痛和艰辛，然而有了乐观的心态，便会使紧张忧郁的心情得以减少，得以放松。

人生，过的其实就是心情；生活，活的其实就是心态。心态好，凡事看开些，事事往好处想，快乐就不会离你太远；心态不好，事事计较，患得患失，纵使好运连连，也会过得痛苦不堪。

走过低谷会知道，逆境原来是祝福

并非每一种不幸都是灾难，逆境通常是一种祝福。有所成就的人，常有一个不幸的开端。欧·亨利原本是一个并不出色的银行出纳员，在一次业务结算中，他被命运捉弄了，结果被当局投进了监狱。显然这是一件非常糟糕的事情，然而正是这一次不幸，使他发现了自己的写作才能。要不然，我们或许就看不到像《麦琪的礼物》这样的经典之作了。

现在，轮到你被命运捉弄了，也许你正在悲叹："天啊！为什么要这样对我？"

也许，你应该换个角度来看：在逆境中，冷酷无情的事实确实带来了无可弥补的损失，但悲剧的背后却潜藏了伟大的治疗力量，带引出改变。当你愿意改变时，逆境都可以是一种祝福。

"我出生在贫困的家庭里，"美国前副总统亨利·威尔逊这样说道，

"当我还在摇篮里牙牙学语时,贫穷就露出了它狰狞的面孔。我深深体会到,当我向母亲要一片面包而她手中什么也没有时是什么滋味。我承认我家确实穷,但我不甘心。我一定要改变这种情况,我不会像父母那样生活,这个念头无时无刻不缠绕在我心头。可以说,我一生所有的成就都要归结于我这颗不甘贫穷的心。我要到外面的世界去。在10岁那年我离开了家,当了11年的学徒工,每年可以接受一个月的学校教育。最后,在11年的艰辛工作之后,我得到了一头牛和六只绵羊作为报酬。我把它们换成几个美元。从出生到21岁那年为止,我从来没有在娱乐上花过一美元,每美分都是经过精心计算的。我完全知道拖着疲惫的脚步在漫无尽头的盘山路上行走是什么样的痛苦感觉,我不得不请求我的同伴们丢下我先走……在我21岁生日之后的第一个月,我带着一队人马进入了人迹罕至的大森林里,去采伐那里的大原木。每天,我都是在天际的第一抹曙光出现之前起床,然后就一直辛勤地工作到天黑后星星探出头来为止。在一个月夜以继日地辛劳努力之后,我获得了6美元作为报酬,当时在我看来这可真是一个大数目啊!每美元在我眼里都跟今天晚上那又大又圆、银光四溢的月亮一样。"

在这样的穷途困境中,威尔逊先生下定决心,一定要改变境况,决不接受贫穷。一切都在变,只有他那颗渴望改变贫穷的心没变。他不让任何一个发展自我、提升自我的机会溜走。很少有人能像他一样理解闲暇时光的价值。他像对待黄金一样紧紧地抓住零星的时间,不让一分一秒无所作为地从指缝间溜走。

在他21岁之前,他已经设法读了1000本好书,这对一个农场里的孩子来说是多么艰巨的任务啊!在离开农场之后,他徒步到100里之外的马萨诸塞州的内笛克去学习皮匠手艺。他风尘仆仆地经过了波士顿,在那里可以看见邦克、希尔纪念碑和其他历史名胜。整个旅行只花了他1美元6美分。1年之后,他已经在内笛克的一个辩论俱乐部脱颖而出,成为其中的佼佼者了。后来,他在马萨诸塞州的议会上发表了著名的反奴隶制度的演说,此时距他到这里还不足8年。12年之后,他与著名的社会活动家查尔斯萨姆纳平起平坐,进入了国会。后来,威尔逊又竞选副总统,终于如愿以偿。

威尔逊出身贫困,然而他又是富有的。他唯一的、最大的财富就是他那颗不甘贫穷的心,是这颗心把他推上了议员和副总统的显赫位置。在这颗不竭心灵的照耀下,他一步步地登上了成功之巅。

苦难往往是经过化妆的幸福。苦难令人心酸,但它又是有益于身心的。不屈不挠的人是自信的,他的人生字典写满成功;不屈不挠的人是刚强的,他总有一个支撑自己的精神支柱。最高尚的品格是不屈不挠磨炼出来的,一颗坚韧而又刚毅的心灵从炼狱般的锻造所获取的要比从安逸享受产生的成功多得多。

再悲伤的开始,也能演成欢喜的结局

许多事你无力回天,许多缺失你无法挽回,但自卑、自怜无济于事。你唯一能让自己解脱的,是选择爱自己的心灵,让你的心完美。也许你没有财富,也许你没有幸福的家庭,也许你没有亮丽的容颜,也许你天生就有残疾,但是,谁说你不能令自己活得出色呢?

多年前,尼克·胡哲的父母原本满心欢喜地迎接他们的第一个儿子，却万万没想到会是个没有四肢的"怪物"，连在场医生都惊呆了。

第一次见到尼克·胡哲的人，都难免被他的相貌所震惊：尼克就像是一尊素描课上的半身雕像，没有手和脚。不过，尼克并不在意人们诧异的表情，他在自我介绍时常以说笑开场。

"你们好！我是尼克，生于1982年，澳大利亚人，周游世界分享我的故事。我一年大概飞行120多次，我喜欢做些好玩的事情来给生活增添色彩。当我无聊时，我会让朋友把我抱起来放在飞机座位上的行李舱中，我请朋友把门关上。那次，有位老兄一打开门，我就'嘣'地探出头来，把他吓得跳了起来。可是，他们能把我怎么样？难道用手铐把我的'手'铐起来吗？"

"我喜欢各种新挑战，例如刷牙，我把牙刷放在架子上，然后靠移动嘴巴来刷，有时确实很困难，也很挫败，但我最终解决了这个难题。我们很容易在第一次失败后就决定放弃，生活中有很多我没法改变的障碍，但我学会积极地看待，一次次尝试，永不放弃。"

尼克的生活完全能够自理，独立行走，上下楼梯，洗脸刷牙，打开电器开关，操作电脑，甚至每分钟能击打43个字母，他对自己"天外飞仙"一般的身体充满感恩。

"我父母告诉我不要因没有的生气，而要为已拥有的感恩。我没有手脚，但我很感恩还有这只'小鸡腿'（他的左脚掌及上面连着的两个趾头），我家小狗曾误以为是鸡腿差点吃了它。"

"我用这两个宝贵的趾头做很多事，走路、打字、踢球、游泳、弹奏打击乐……我待在水里可以漂起来，因为我身体的80%是肺，'小鸡腿'则像是推进器；因为这两个趾头，我还可以做V字，每次拍照，我都会把它跷起来。"说着说着，他便跷起那两个趾头，绽放出满脸笑容——Peace！

尼克的演讲幽默且极具感染力，他回忆出生时父母和亲友的悲痛、自己在学校饱受歧视的苦楚，分享家人和自己如何建立信心、经历转变。"如果你知道爱，选择爱，你就知道生命的价值在哪里，所以不要低估了自己。"在亲友的支持下，他克服了各种困境，并通过奋斗获得会计和财务策划双学士学位，进而创办了"没有四肢的人生"（Life Without Limbs）非营利机构，用自己的生命见证激励众人，如今他已经走访了24个国家，赢得了全世界的尊重。

伟大的胸怀，应该表现出这样的气概——用笑脸来迎接悲惨的命运，用百倍的勇气来应付自己的不幸。

绝望与愁苦永远不能使心灵真正坚强，人生真正成熟。困厄中徘徊犹疑的人们，只有用钢铁般的性情隐忍地跋涉，才能让一切苦难在你面前黯然失色。心灵强大需要的是信仰和毅力，品味的不是惨淡苦笑的气息，而是超脱后的平静与安宁。

命运给你加了盖子，你就把它顶开

如果你天生平凡，那你就要比别人努力，而且不能放弃希望！

从小他就不喜欢在人前说话，口吃让他生活在阴影里。孤寂的日子里，他爱上了音乐，他发现唱歌比说话更有意思。

一个口齿伶俐的人学习唱歌都不是简单的事，更何况他连话都说不流畅。但他心中的渴望融进了血液，他发了疯似的拼命练习。

第一辑 关于昨天 被伤害的过去，只是为了生命的成熟

终于有一天，动人的歌声从他嘴里飘了出来，没有一丝的磕绊。

这年，他18岁了。他参加了一个歌唱选秀比赛，并凭借动人的嗓音一举夺魁。他叫哈里森·克雷格，第二季《澳大利亚好声音》歌唱比赛的冠军，一个严重口吃患者。

记者问他成功的秘诀，他说："闷在水壶里的水要想探出头，就只能让水沸腾起来，冲开盖子。我只不过是把百分之百的热情和努力都投入了进去，让自己沸腾起来，冲开盖子。"

记者又问："那盖子要一时冲不开呢？"

他笑了："让水持续沸腾着，总会把盖子冲开，发出成功的啸叫。"

如果说命运故意为难加一个让人痛苦的盖子，那么追寻梦想的心就是火，行动就是让火不停歇燃烧的柴。不懈地努力，终究会把生活这锅水烧沸腾，顶开加载在上面的苦难盖子。

一个人不必天生能干，重要的是勤能补拙，不断地积累经验，提升能力。古往今来，凡有大作为、大建树的人，都有一些共同的特质：做事勤奋、行动力强。在生命中的每一个阶段，努力学习、不断坚持。那些伟大的成功者，在成就一番事业之前，都曾付出过艰辛的努力。那些大家们的才华也绝不是一出生便得来的，他们不畏艰难、不惧寂寞，他们的付出永远都会比别人多。辛苦是什么？勤奋。勤奋磨尖了你才华的刀刃，让你在知识的海洋中劈波斩浪，并且让你面对困难迎刃而解。

其实仔细想想，也许每个人都应该把自己当成一只笨鸟，一直埋头啄啊啄，有天猛然抬头一看，天啊！我竟然造出了比其他小鸟更深、更温暖的窝。

只有你能决定自己的人生是好是坏

人这一辈子，得意也罢，失意也罢，都要坦然地面对生活的苦与乐。假如生活给我们的只是一次又一次的挫折，也没什么的，因为生活并没有夺走我们选择快乐和自由的权利。

心态是我们人生的向导，它能把我们从痛苦中引领出来。在沉重的打击面前，需要有处乱不惊的乐观心态。冷静而乐观，愉快而坦然。在生活的舞台上，要学会对痛苦微笑，要坦然面对不幸。

爱德华·埃文斯先生，从小生活在一个贫苦的家庭，起初只能靠卖报来维持生计，后来在一家杂货店当营业员，家里好几口人都靠他的微薄工资来度日。后来他又谋得一个助理图书管理员的职位，依然是很少的薪水，但他必须干下去，毕竟做生意实在是太冒险了。在8年之后，他借了50美元开始了他自己的事业，结果事业的发展一帆风顺，年收入达2万美元以上。

然而，可怕的厄运在突然间降临了。他替朋友担保了一笔数额很大的贷款，而朋友却破产了。祸不单行，那家存着他全部积蓄的大银行也破产了。他不但血本无归，而且还欠了1万多美元的债，在如此沉重的双重打击下，埃文斯终于倒下了。他吃不下东西，睡不好觉，而且生起了莫名其妙的怪病，整天处于一种极度的担忧之中，大脑一片空白。

有一天，埃文斯在走路的时候，突然昏倒在路边，以后就再也不能走路了。家里人让他躺在床上，接着他全身开始腐烂，伤口一直往骨头里面渗了进去。他甚至连躺在床上也觉得难受。医生只是淡淡地告诉他：只有两个星期的时间。埃文斯索性把全部都放弃了，既然厄运已降临到自己头上，只有平静地接受它。他静静地写好遗嘱，躺在床上等死，人也彻底放松了下来，闭目休息，却每天无法连续睡着两个小时以上。

时间一天一天地过去，由于心态平静了，他不再为已经降临的灾难而痛苦，他睡得像个小孩子那样踏实，也不再无谓地忧虑了，胃口也开始好了起来。几星期后，埃文斯已能拄着拐杖走路，6个星期后，他又能工作了。只不过是以前他一年赚两万美元，现在是一周赚30美元，但他已经感到万分高兴了。

他的工作是推销用船运送汽车时在轮子后面放的挡板，他早已忘却了忧虑，不再为过去的事而懊恼，也不再害怕将来，他把自己所有的时间、所有的精力、所有的热忱都用来推销挡板，日子又红火起来了，不过几年而已，他已是埃文斯工业公司的董事长。

量子论之父马克斯·普朗克的一生并不是一帆风顺的。中年的时候妻子逝世；在第一次世界大战期间，他的长子卡尔在法国负伤身亡；他的两个孪生女儿也都在生孩子后不久，相继去世。

第二次世界大战中，不幸的遭遇又一次降临到普朗克的头上。他的住宅因飞机轰炸而焚毁，他的全部藏书、手稿和几十年的日记，全部化为灰烬。1944年末，他的次子被认定有密谋暗杀希特勒的"罪行"而被警察逮捕。普朗克虽采取了多方的救助，但依旧没能挽救得了儿子的性命。

对于这些不幸，普朗克说："我们没有权利只得到生活给我们的所有好事，不幸是自然状态……生命的价值是由人们的生活方式来决定的。所以人们一而再、再而三地回到他们的职责上，去工作，去向最亲爱的人表明他们的爱。这爱就像他们自己所愿意体验到的那么多。"

一个人的坦然，是一种生存的智慧。生活的艺术，是看透了社会人生以后所获得的那份从容、自然和超然。

一个人要能自在自如地生活，心中就需要多一份坦然。笑对人生的人比起在曲折面前悲悲戚戚的人，始终坚信前景美好的人较之脸上常常阴云密布的人，更能得到成功的垂青。

第四章　记得失败的精彩，便没有辜负未来

失败并不意味着失去一切，失去的东西将会以其他方式补偿给你。成功者之所以成功，因为他们永不言败，在一次又一次的挫折面前，他们总是对自己说："我不是失败了，而是还没有成功。"一个暂时失利的人，如果能反省错误，继续努力，打算赢回来，那么他今天的失利，就不是真正的失败。

不要为打翻的牛奶哭泣

是人都会犯错，如果我们终日想着已经犯下的错误，并为此耿耿于怀，只会加剧自身的伤痛，只会让我们对未来的看法越来越黑暗，心也越来越焦虑。

如果想要生活有一番新的景象，就设法忘记那些因一时过错而带来的不幸和伤害。过去的成功也好失败也罢，都不能代表现在和未来。人生的每一次经历都属于过去，在每一个下一秒我们都可以重新开始，所以请忘掉过去的不幸、忘掉过去不如意的自己。

艾伦经常会为很多事情发愁，他常常为自己犯过的错误自怨自艾：交完考试卷以后，常常会半夜里睡不着，咬着自己的指甲，怕自己没办法考及格；他老是在想着做过的那些事情，希望当初没有这样做；老是在想自己说过的那些话，希望自己当时把那些话说得更好。

有一天早上，艾伦和全班的同学都到了科学实验室。老师保罗·布兰德威尔博士把一瓶牛奶放在桌子边上。学生们都坐了下来，望着那瓶牛奶，不知道那跟这节生理卫生课有什么关系。然后，保罗·布兰德威尔博士突然站了起来，一掌把那瓶牛奶打碎在水槽里——一面大声叫道："不要为打翻的牛奶而哭泣。"

突然老师叫所有的人都到水槽边去，好好地看看那瓶打碎的牛奶。"好好地看一看，"老师说，"因为我要你们这一辈子都记住这一课，这瓶牛奶已经没有了——你们可以看到它都漏光了，无论你怎么着急，怎么抱怨，都没有办法再救回一滴。只要先用一点思想，先加以预防，那瓶牛奶就可以保住。可是现在已经太迟了——我们现在所能做到的，只是把它忘掉。丢开这件事情，去注意下一件事。"

这次小小的实验，在艾伦忘了他所学到的几何和拉丁文以后很久都还让他记得。事实上，这件事在实际生活中所教给他的，比他在高中读了那么多年书所学到的任何东西都好。它说明了一个道理，只要可能的话，就不要打翻牛奶，万一牛奶打翻、整个漏光的时候，就要彻底把这件事情给忘掉。

我们习惯于淡忘生命中美好的一切，而对于痛苦的记忆，却总是铭记在心。难道真是因为痛苦会令我们记忆深刻吗？当然不是，这完全是出于我们对过去的执着。其实，昨日已成昨日，昨日的辉煌与痛苦，都已成为过眼云烟，我们何必还要死死守着不放？将失意放在心上，它就会成为一种负担，容易让我们形成一种思维定式，结果往往令人依旧沉沦其中，甚至是走向堕落。如果能倒掉昨日的那杯茶，人生才能洋溢出新的茶香。

失败不可怕，忘记初心才致命

　　伟人最明显的标识，就是他坚定的意志，不管环境变化到何种地步，他的初衷与希望，仍然不会有丝毫的改变，而终至克服障碍，以达到所企望的目的。跌倒了再站起来，在失败中求胜利。这是那些成功者的成功秘诀。

　　有人问一个孩子，他是怎样学会溜冰的？那孩子回答道："哦，跌倒了爬起来，爬起来再跌倒，就学会了。"使得个人成功，使得军队胜利的，实际上就是这样的一种精神。跌倒不算失败，跌倒了站不起来，才是失败。

　　拳击赛场上，拳击手在倒地的一瞬间，满目都是观众的嘲笑，满心都是失败的耻辱，他趴在那里，头晕眼花，根本不想再动弹。裁判不停地数着1、2、3、4……但是，倘若还有一丝力气，不等裁判数完，他一定会站起来，拍拍身上的灰尘，振作疲惫的精神，重新投入到战斗之中。这是拳击运动员的职业精神，没有这种精神，实力再强悍，也成不了合格的运动员。

　　其实，人生有时真的就像一场拳击赛。在人生的赛场上，当我们被突如其来的"灾难"击倒之时，有些灰心、有些丧气也实属正常，我们或许也躺在那里一度不想动弹，是的，我们需要时间恢复神智和心力。但只要恢复了，哪怕是稍稍恢复了，我们就应该爬起来，即便有可能再次被击倒，也要义无反顾地爬起来，纵然会被击倒100次，也要爬起来。因为不爬起来，我们就永远输了；再爬起来，就还有转败为胜的希望。

玛格丽特·米契尔是世界著名作家，她的名著《乱世佳人》享誉世界。但是，这位写出旷世之作的女作家的创作生涯并非像我们想象的那样平坦，相反，她的创作生涯可以说是坎坷曲折。玛格丽特·米契尔靠写作为生，没有其他任何收入，生活十分艰辛。最初，出版社根本不愿为她出版书稿，为此，她在很长一段时间里不得不为了生活而操心忧虑。但是，玛格丽特·米契尔并没有退缩。她说："尽管那个时期我很苦闷，也曾想过放弃，但是，我时常对自己说：'为什么他们不出版我的作品呢？一定是我的作品不够好，所以我一定要写出更好的作品。'"

经过多年的努力，《乱世佳人》问世了，玛格丽特·米契尔为此热泪盈眶。她在接受记者采访时说："在出版《乱世佳人》之前，我曾收到各个出版社一千多封退稿信，但是，我并不气馁。退稿信的意义不在于说我的作品无法出版，而是说明我的作品还不够好，这是叫我提高能力的信号。所以，我比以前任何时候都努力，终于写出了《乱世佳人》。"

跌倒了站起来，这是勇士；跌倒了就趴着，这就是懦夫！如果我们放弃了站起来的机会，就那样萎靡地坐在地上，不会有人上前去搀扶你。相反，你只会招来别人的鄙夷和唾弃。要知道，如果你愿意趴着，别人是拉不起你的，即便是拉起来，你早晚还会趴下去。人其实不怕跌倒，就怕一跌不起，这也是成功者与失败者的区别所在。在这个世界上，最不值得同情的人就是被失败打垮的人，一个否定自己的人又有什么资格要求别人去肯定？自我放弃的人是这个世界上最可怜的人，因为他们的内心一直被自轻自贱的毒蛇噬咬，不仅丢失了心灵的新鲜血液，而且丧失了拼搏的勇气，更可悲的是，他们的心中已经被注入了厌世和绝望的毒液，乃至原本健康的心灵逐渐枯萎……

失败也可以成为一种财富

失败对我们来说与成功一样有价值。事实上，暂时的失利，比暂时的胜利要好得多。失败是迈向成功应付出的代价，对于人生而言，最好的锤炼方法或许正是失败，没有什么比经历失败更能锻炼人了。

一家外资企业招聘中国西北区域经理，任务是为公司开拓西北部市场，给出年薪40万的优厚待遇，应聘者自然很多。最终，经过层层选拔，薛伟和另一名求职者进入最后环节。

薛伟毕业于东北一所高校，学的是经贸专业，毕业后曾在一家公司就职，因为业务能力突出，仅仅两年的时间，便从业务员一路做到业务部经理，负责全公司的业务工作。他在这个岗位上又干了一年多，业务部在他的带领下连创佳绩，业绩全线飘红，他也因此再次被提拔，兼任公司主管业务的副总经理。然而，就在他就任副总经理半年以后，因为在一次业务谈判中判断失误，未对对方提供的财产进行验证就擅自做主将货物发给了那家公司，结果那家公司老板拿到货物以后，转卖给第三方，然后携款出国，给公司造成了难以弥补的损失，他也因此被公司免职。

这次来应聘区域经理，他也是抱着试试看的想法来的，他没有想到能进入到最后环节，当他了解了另一位竞争对手的情况后，对自己也就不抱什么希望了，另一位竞争对手是名牌大学毕业的管理学硕士，毕业后曾在国家某部委下属的国企工作，因业务能力强，很快被提拔为中层管理干部，此后又跳槽到了一家大型私企做业务主管，为那家私企做出了很大贡献，因为喜欢外资企业的工作环境，所以才来这家外资企业应聘。与之相比，薛伟认为自己的失败经历和对手的成功经历反差太大，所以觉得自己几乎已经被淘汰出局了。

面试的时候，竞争对手先被叫进去，半个小时之后，满面春风地走了出来。薛伟随后被叫了进去，坐下来后，他按要求陈述了自己的工作经历，他如实地讲述，没有任何隐瞒，主持面试的领导又问了一些其他问题，诸如今后打算如何开展工作等，他就按照自己的想法说了。半个小时以后，面试结束，让他回家等消息。

两天以后，他接到了这家公司的录用通知，告知他被聘用为西北区域经理！这个消息太出乎他意料之外了，他竟有些不敢相信这是真的。

入职以后，他才知道，自己之所以能够胜出，正是因为那一段失败经历。主管领导说："我们看中的，正是你曾经的失败，因为有过失败的经历，所以你在日后的工作中才能更加认真，失败是一种教训，但也同样是一笔财富……"

未曾失败的人恐怕也未曾成功过。失败并不完全是坏事，能让它变得彻底糟糕的，是你对于失败的态度，只有你在失败中沉沦，失败才会成为定局。

失败对你来说，最多不过是像让一个伟大的棒球选手坐到板凳区一样，只要一直待在场子里并保持挥棒，你依然会是个巨炮，而不会因为失败就变成输家。

我们应该忘掉失败，但别忘了失败中的教训。

能够东山再起的人更了不起

成功了，很了不起，但失败后能够重新拾起信心，又一次让世界认识到他的人，更了不起。任何希望获得真正成功的人，必须有永不言败的决心，并找到战胜失败、继续前进的法宝。不然，失败必然导致失望，而失望就会使人一蹶不振。

艾柯卡曾任职世界汽车行业的领头羊——福特公司。由于其卓越的经营才能，自己的地位节节高升，直至做到福特公司的总裁。

然而，就在他的事业如日中天的时候，福特公司的老板——福特二世却出人意料地解除了艾柯卡的职务，原因很简单，因为艾柯卡在福特公司的声望和地位已经超越了福特二世，所以他担心自己的公司有朝一日会改姓为"艾柯卡"。

此时的艾柯卡可谓是步入了人生的低谷，他坐在不足十平方米的小办公室里思绪良久，终于毅然而果断地下了决心：离开福特公司。

在离开福特公司之后，有很多家世界著名企业的头目都曾拜访过他，希望他能重新出山，但被艾柯卡婉言谢绝了。因为他心中有了一个目标，那就是"从哪里跌倒的，就要从哪里爬起来"！

他最终选择了美国第三大汽车公司——克莱斯勒公司，这不仅因为克莱斯勒公司的老板曾经"三顾茅庐"，更重要的原因是此时的克莱斯勒已是千疮百孔，濒临倒闭。他要向福特二世和所有人证明：我艾柯卡不是一个失败者！

入主克莱斯勒之后的艾柯卡，进行了大刀阔斧的整顿和改革，终于带领克莱斯勒走出了破产的边缘。艾柯卡拯救克莱斯勒已经成为一个著名的商业案例。

如果你的内心认为自己失败了，那你就永远地失败了。诺尔曼·文森特·皮尔说："确信自己被打败了，而且长时间有这种失败感，那失败可能变成事实。"而如果你不承认失败，只认为是人生一时的挫折，那你就会有成功的一天。

有些人之所以害怕失败，是因为他们害怕失去自信心，从而失去他们试图将自己置于万无一失的位置。不幸的是，这种态度也把他们困在一个不可能做出什么杰出成就的位置。

还有的人惧怕失败，是因为他们害怕失去第二次机会。在他们看来，万一失败了，就再也得不到第二个争取成功的机会了。如果这些人知道，多少著名的成功人士开头都曾失败过，就会给他们增添希望。亨利·福特就曾说过："失败不过是一个更明智的重新开始的机会。"福特本人也有过失败的直接体验。他头两次涉足汽车工业时，以破产失败而告终，但第三次他成功了。福特汽车公司至今仍然充满活力，仍是世界最大汽车生产厂家之一。

要测验一个人的品格，最好是看他失败以后怎样行动。失败以后，能否激发他的更多的计谋与新的智慧？能否激发他潜在的力量？是增加了他的决断力，还是使他心灰意冷呢？

失败是对一个人人格的考验，在一个人除了自己的生命以外，一切都已丧失的情况下，内在的力量到底还有多少？没有勇气继续奋斗的人，自认挫败的人，那么他所有的能力，便会全部消失。而只有毫无畏惧、勇往直前、永不放弃人生责任的人，才会在自己的生命里有伟大的进展。

摔倒了别忘在手里抓一把沙

虽说失败是成功之母。不过，这是有前提的，如果总是"记吃不记打"，那么失败多少次，也只会一次一次摔得头破血流，记不住教训，也不可能成功。只有在摔倒后及时检讨自己失败的原因，从中汲取教训，从而改进自己，指导自己才是正确的人生态度。只有懂得利用失败的人，才能获得最终的成功。

菲尔·耐特年轻的时候和大多数同龄人一样，喜欢运动，打篮球、棒球、跑步，并对阿迪达斯、彪马这类运动品牌十分熟悉。耐特一直很喜欢运动，几乎达到了狂热的程度，他高中的论文几乎全都是跟运动有关的，就连大学也选择的是美国田径运动的大本营——俄勒冈大学。

可惜，耐特的运动成绩并不好。他最多只能跑 1 英里，而且成绩普通，他拼了命才能跑4分13秒，而跑1英里的世界级运动员最低录取线为4分钟，就是这多出的13秒决定了他与职业运动员的梦想无缘。

像耐特这样1英里跑不进4分钟的运动员还有很多，尽管他们不甘心被淘汰，但都无法改变这种命运，只得选择了放弃。不过耐特不想放弃，他认真分析了自己失败的原因之后，认为那次的失败不是他的错，完全是他脚上穿的鞋子的错。

于是，耐特找到了那些跟他一起被淘汰的运动员，跟他们说了自己的想法。他们也一致表示，鞋子确实有问题。不过在训练和比赛中，运动员患脚病是经常的事，而且很多年以来，运动员都是穿这种鞋子参加训练和比赛的，很少有人想办法解决鞋子的问题。

虽然运动员是做不成了，但是耐特决定要设计一种底轻、支撑力强、摩擦力小且稳定性好的鞋子。这样，就可以帮助运动员，减少他们脚部的伤痛，让他们跑出更好的成绩来。耐特希望自己的鞋子能够让所有的运动员都充分发挥出自己的潜能，不再因为鞋子的原因而失败。

说干就干，耐特跟自己的教练鲍尔曼合作，精心设计了几幅运动鞋的图样，并请一位补鞋匠协助自己做了几双鞋，免费送给一些运动员使用。没想到，那些穿上他设计的鞋子的运动员，竟然跑出了比以往任何一次都好的成绩。

从此耐特信心大增，他为这种鞋取了个名字——耐克，并注册了公司。让人意想不到的是，这个平凡的小伙子创造的耐克，后来甚至超过了阿迪达斯在运动领域的支配地位。1976年，耐克公司年销售额仅为2800万美元；1980年却高达5亿美元，一举超过在美国领先多年的阿迪达斯公司；到1990年，耐克年销售额高达30亿美元，把老对手阿迪达斯远远地抛在后面，稳坐美国运动鞋品牌的头把交椅，创造了一个令人难以置信的奇迹。

耐特虽然一辈子无法成为职业运动员,但却让所有运动员不再为脚病而苦恼,并成功地把耐克做成了一个传奇。当年与耐特一起被淘汰的运动员不计其数,他们跟耐特一样跌倒了,但是爬起来之前,收获却不一样。耐特爬起来之后,走得很高很远,因为他看准了,自己需要注意的不是自己的速度,而是鞋子。正因为耐特跌倒了能够思考,能够把收获用在以后的日子里,所以他能取得非常高的成就。

失败,可以成为站得更稳的基石,也能成为再一次栽倒的陷阱,如何选择,全在于你面对失败的态度。

跌倒不仅仅是一种不愉快的体验,更是成功的开始。只要能理性地分析跌倒的教训,甚至是别人跌倒的教训,从中寻找出带有普遍性的规律和特点,就可以指导我们今后的行动。古今中外,有识之士无不从自己或他人的教训之中寻找良方,避免重复的失误,从而获得成功。教训是自己和他人的前车之鉴,是一笔宝贵的财富。

从失败的废墟里挖出金子来

这世界除了心理上的失败,实际上并不存在什么失败。

失败并不可耻,不失败才是反常,重要的是面对失败的态度,是能反败为胜,还是就此一蹶不振?聪明人,绝不会因为失败而怀忧丧志,而是回过头来分析、检讨、改正,并从中发掘重生的契机。

日本人西村金助原是一个身无分文的穷光蛋，但是他从没对自己有一天能成为富翁产生过怀疑。他顽强进取，处处留心，做生活的有心人，做致富的有心人。他的这种积极的心态帮助了他。面对现状他不沮丧、不气馁，而是力求向上，力求改变现状，这种心态终于使他成功。

西村先借钱办了一个制造玩具的小沙漏厂。沙漏是一种古董玩具，它在时钟未发明前用来测算每日的时辰。时钟问世后，沙漏已完成了它的历史使命，而西村金助却把它作为一种古董来生产销售。

沙漏当时的市场已经很小了，而它所面临的买主——孩子们也逐渐对它失去了兴趣。因而，销售量逐渐由多到少。但西村金助一时找不到其他比较适合的工作，只能继续干他的老本行。沙漏的需求越来越少，西村金助最后只得停产。但他并不气馁，完全相信自己能够战胜眼前的困难。于是他决定先好好休息和轻松一下。他每天都找些乐趣，看看棒球赛、读读书、听听音乐，或者领着妻子孩子外出旅游。但他的头脑一刻也没有停止开拓的思考。机会终于来了。一天，西村翻看一本讲赛马的书，书上说："马匹在现代社会里失去了它运输的功能，但是又以高娱乐价值的面目出现。"在这不引人注目的两行字里，西村好像听到了上帝的声音，高兴地跳了起来。他想："赛马的马匹比运货的马匹值钱。是啊！我应该找出沙漏的新用途！"

机会总是偏爱有准备的头脑，西村金助重新振作起来，把心思又全都放到他的沙漏上。经过几天的苦苦思索，一个构思浮现在西村的脑海，做个限时 3 分钟的沙漏，在 3 分钟内，沙漏里的沙子就会完全落到下面来。把它装在电话机旁，这样打长途电话时就不会超过 3 分钟，电话费就可以有效地控制了。

制作沙漏，对于西村而言，早已是轻车熟路。这个东西设计上非常简单，把沙漏的两端嵌上一个精致的小木板，再接上一条铜链，然后用螺丝钉钉在电话机旁就行了。不打电话时还可以做装饰品，看它点点滴滴落下来，虽是微不足道的小玩意儿，却能调剂一下现代人紧张的生活。

除了极少数的富翁，谁不想控制自己的电话费呢？而西村金助的新沙漏可以有效地控制通话时间，售价又非常便宜。因此一上市，销路就很不错，平均每个月能售出3万个。这项创新使原本没有前途的沙漏转瞬间成为对生活有益的用品，销量成千倍地增加，面临倒闭的小作坊很快变成一个大企业。西村金助成功了。如果我们说西村这次大的成功机会源于他前面的失败，恐怕没人会反对。

失败可以帮助人再思考、再判断与重新修正计划，而且经验显示，通常重新检讨过的意见会比原来的更好。

失败其实是一种必要的过程，而且也是一种必要的投资。数学家习惯称失败为"或然率"，科学家则称为"实验"，如果没有前面一次又一次的"失败"，哪里有后面所谓的"成功"？

战胜困难，就能迎来人生的春天

失败并不可怕，可怕的是把失败看成结局而不是过程。地球是运动的，一个人不会永远处在倒霉的位置。但是，如果你一直认为自己就是倒霉的，那么谁也帮不了你。当然，在痛苦面前，我们不能寄希望于他人的帮助,你得做自己的英雄。

　　1930年3月,正是春寒料峭的季节,美国田纳西州的一个街道上,一个40多岁的中年人,正挣扎在饥饿的边缘。

　　在此之前,他是一位出色的售货员,曾经为田纳西的无数个商店经销过商品,他的营销策略为他们带来了巨大的商机和利润,但好景不长,一次不好的时运,葬送了他的营销之路。

　　现在,他孑然一身,一贫如洗,他曾经想着去找那些自己帮助过的人,但他们一定会拒绝的,他们无法接受他的贫穷。毕竟不是昨天啦,世态炎凉,说得一点没错呀。

　　正当他走投无路时,他发现一家小餐厅的外面挂着招聘广告,他们这里要招厨师,但薪金却低得可怜,一年的工资还不如自己以前一个月的多,在饥寒交迫面前,他放弃了理想和自大的念头,他推开那扇原本虚掩的门,开始了一种新的生活。

　　他的任务是烹制鸡块,这是他以前从未做过的行业,但做起来其实也很简单,他只需要按照人家的配料把鸡块扔进锅里煮,然后把它捞出来,整个过程就这么简单。

　　和他在一起的有3个人,他们一个个懒得要命,见到有新人来,便将全部的工作变本加厉地给了他,他本想拒绝,但想到自己刚来,本来就应该多做一些,便忍气吞声地埋头苦干。

　　没过多久,他就掌握了煮鸡的整个过程,他觉得这种做法是有问题的,他曾经尝过用这种方法制作成的鸡块,没有一点香味,这直接导致了这家生意的惨淡。

　　他给老板提建议,提出应该改良一下配方,多加一些香料或者其他调料,老板没听进去,告诉他:你的职责是制作鸡块,这些不是你应考虑的,不要多管闲事,我这可是祖传秘方,不会有错的。

第一辑　关于昨天　被伤害的过去，只是为了生命的成熟

他的好意换来了一顿责备，他本想就此辞职，但一种钻研的思想还是使他留了下来，他要找到一条属于自己的奋斗之路。

在工作中，他利用别人休息的时间到厨房里钻研，并且在鸡块上试着加一些其他的香料。

一天，他无意中将一只鸡腿掉进了正在加热的油里，感到万分紧张，因为老板说过油是不能够随便浪费的，一旦发现就要被罚款或者扣掉工资，幸亏没人发现，他赶紧拿出了鸡块，但扔了可惜，他便将它扔进嘴里，一个奇迹出现了，他感觉无意中炸出的鸡块香辣可口，他觉得成功在向自己招手。

经过无数次的研制，1932年6月，在他的家乡，离田纳西州不远的肯德基州，这位中年人推出了一种新型的快餐食品——炸鸡，很快，这种食品适应了人们快节奏高效率的生活方式，开张不到一年，它的声誉便传遍了整个肯德基州。

为了增加营业范围，这位年轻人又扩大了经营渠道，他将人人喜欢吃的面包和炸鸡融合在一起，不仅满足了人们喜欢甜食的需求，而且还可以调适人们的趣好，真可谓一举两得。

现在，肯德基已经遍布全球80多个国家，目前拥有超过9600家连锁店，在这个地球上，几乎每天都有一家肯德基店开张。

这位中年人，就是肯德基的创始人桑德斯上校，说起自己晚来的成功，他只说了一句话：我相信苦难，因为苦难是一种人人敬而远之的味道，但我喜欢将它夹在面包里慢慢品尝。

当我们战胜了眼前的困难，人生的春天不是就快到来了吗？一个人往往在他最痛苦的时候感到绝望，但这也是孕育希望的时候，难道不是吗？冬天来了，春天还会远吗？当你最痛苦、最绝望的时候，不要以为这就是人生的末日，这恰恰是新生活开始的前奏。

第五章　天会亮，雨会停，生活都是这样

生活中有许多我们始料不及的事情，正如"欲渡黄河冰塞川，将登太行雪满山"，一时间甚至会压得我们喘不过气来，面对这些，你若软弱地低头，种种悲哀会侵蚀得你体无完肤；你若镇定自若，泰然处之，明天的路也许会是另一番风景。

生命无常，最好坦然接受

人生的罗盘常常改变方向，时而南辕北辙，时而相隔四方，难免些许波折，但生命原本如此，这也是不可避免的。

这个世界，有白天就有黑夜，有好就有坏，有对就有错，有生就有死，有天堂就有地狱。因此不必害怕人生无常，反而要勇敢地接受无常，迎接它令人欢喜的一面，也接受它使人痛苦的另一面。

去年初秋，亚丽的老公扬子接了长途电话之后，转过身来对她说："你父亲被送去急诊，是严重的心脏病。"亚丽能看得出他虽然内心恐惧，但又竭力表现出很冷静的样子。

"爸病得这么厉害吗？"扬子带着亚丽驱车赶往机场时，她心里在

祈祷,"老天,请让爸爸活下去吧!"

当她走进病房时,母亲一句话也没说。她们默默地抱在一起。亚丽坐在母亲的身边祈祷着:"让爸爸活下去吧!"

在整整3个星期里,她和妈妈就这样日夜守护着父亲。有一天早晨,爸爸恢复了知觉,他还握住了亚丽的手。他的心脏虽然稳定了,但其他问题又出现了。凡是亚丽不和父亲或母亲在一起时,她就在心里祷告着同一句话:"让爸爸活下去吧!"

祝愿康复的卡片从各地寄来。一天晚上,她接到扬子寄来的一张——这是"我们的"卡片,上面写着:"要相信老天的答案,亲爱的。"

亚丽站在那里,手里攥着一张弄皱了的卡片,一会儿哭,一会儿笑,母亲不明白这是为什么。亚丽想:"扬子帮我意识到了,我的那些祈祷也许并不是正确的。"

第二天清晨,亚丽在医院的榕树下平静地祈祷:"老天,我知道我的愿望是什么,但对爸爸说来这并不见得是最好的答案。您也爱他。因此,我现在要把他放在您的手中。让您的意愿——而不是我的——实现吧!"

在那一瞬间,她觉得如释重负。不管老天的答案是什么,她知道对她父亲都是正确的。

1个月以后,她的父亲与世长辞了。

第二天,扬子带着孩子赶来。孩子哭着说:"我不愿意让外公死,他为什么会死呢?"

亚丽紧紧地抱着孩子让他哭个够。从窗户远望,她看见群山和碧蓝的天,想着她深深敬爱的父亲,也想到他有可能遭受的无法医治的病痛。扬子的手放在她的肩上。亚丽轻轻地说:"显然,这就是答案。"

自然规律是不以人的意志为转移的。当亲人到了弥留之际，与其苦苦祈祷，让亲人放慢离去的脚步，不如坦然地接受不能改变的现实，让自己保持一份宁静的心情。

　　人们希望春常在，花常开，而春来了又去了，了无踪迹；花开了又落了，花瓣也被夜里的风雨击得粉碎，混同泥尘，不知去处。

　　秦皇汉武、唐宗宋祖，转眼间，而今都已不在。人世间的荣耀与悲哀，到最后统统埋在土里，化作寒灰。他们活着的时候，南征北战，叱咤风云，风流占尽，转眼间失意悲伤，仰天长啸，感叹人世，瞑目长逝了，也都化成一捧寒灰，连缅怀的袅袅香烟皆无。如果生前尚能冷静地反省，一定会明晓生活在世界上是大可不必吵闹不休的。"闲云潭影日悠悠，物换星移几度秋。阁中帝子今何在，槛外长江空自流。"

　　人生的无常，为我们带来了种种经历，一份经历的洗礼，预示着多一份稳重、多一份淡定，这何尝不是好事？人生本无常，世事最难料，从容面对才是真！

停止过去的坏，才有好的开始

　　过往，过去的往事；回忆，回不去的记忆。既然已经过去了、回不去，为什么还要纠缠着不放？

　　如果把所有的悲伤都缠绕在心上，时常想起，总会时常痛苦。所以，与其纠结于心，不如看淡、看轻。生活的真谛在于宽恕与忘记。

宽恕那些伤害过我们的人和事，忘记那些不值得铭记的东西。忘记是品质的提升，是心态的调和，更是生命的沉淀。

人生，只有终止了过去的坏，才能够重新开始。

一大公司要招聘一名高级财务主管，竞争异常激烈。

公司副总在每名考生面前放一个有溃烂斑点的苹果、一些指甲大的商标和一把水果刀。他要求考生们在10分钟内，对面前的苹果做出处理——即交上考试答案。

副总解释说，苹果代表公司形象，如何处理，没有特别要求。10分钟后，所有考生都交上了"考卷"。

副总看完"考卷"后说："之所以没有考查精深的专业知识，是因为专业知识可以在今后的实践中学习。谁更精深，不能在这一瞬间做出判定，我们注重的是，面对复杂事物的反应能力和处理方式。"

副总拿起第一批苹果，这些苹果看起来完好无损，只是溃烂处已被贴上的商标所遮盖。副总说，任何公司，存在缺点和错误都在所难免，就像苹果上的斑点，用商标把它遮住，遮住了错误却没有改正错误，一个小小的错误甚至会引发整体的溃烂。这批应聘者没有把改正公司的错误当成自己的责任，被淘汰了。

副总拿起第二批苹果，这些苹果的斑点被水果刀剜去，商标很随便地贴在各处。副总说，剜去溃烂处，这种做法是正确的。可是这样一剜，形象却被破坏了，这类应聘者可能认为只要改正了错误就万事大吉了，没考虑到形象和信誉度是公司发展的生命，这批应聘者也被淘汰了。

这时，副总的手里只剩下一只苹果了，这只苹果又红又圆，竟然完好无缺！上面也没什么商标。

副总问："这是谁的答卷？"一个考生站起来说："是我的。""它从哪儿来的？"

这个考生从口袋里掏出刚才副总发给他的那只苹果和一些商标，说："我刚才进来时，注意到公司门前有一个卖水果的摊子。而当大家都在专心致志地处理手上的烂苹果时，我出去买了一个新苹果，10分钟足够我用的了。当一些事情无法挽救时，我选择重新开始。"

副总当即宣布："你被录用了！"

原来，公司的招聘答案是：你必须终止过去的坏，才能随时重新开始。

人生随时都可以重新开始，但你必须先将过去糟糕的事情终止。生活中，常常会有许多事让我们心里难受。那些不快的记忆常常让我们觉得如鲠在喉。而且，我们越是想，越会觉得难受，那就不如选择把心放得宽阔一点，选择忘记那些不快的记忆，这是对别人，也是对自己的宽容。

你要知道，太阳每天都是新的

"After all, tomorrow is another day"，相信每一个读过美国作家玛格丽特·米契尔的《乱世佳人》的人，都会记得主人公思嘉丽在小说中多次说过的话。在面临生活困境与各种难题的时候，她都会用这句话来安慰和开脱自己，"无论如何，明天又是新的一天"，并从中获取巨大的力量。

和小说中思嘉丽颠沛流离的命运一样,我们一生中也会遇到各种各样的困难和挫折。面对这些一时难以解决的问题,逃避和消沉是解决不了问题的,唯有以阳光的心态去迎接,才有可能最终解决。阳光的人每天都拥有一个全新的太阳,积极向上,并能从生活中不断汲取前进的动力。

克瓦罗先生不幸离世了,克瓦罗太太觉得非常颓丧,而且生活瞬间陷入了困境。她写信给以前的老板布莱恩特先生,希望他能让自己回去做以前的老工作。她以前靠推销世界百科全书过活。两年前她丈夫生病的时候,她把汽车卖了。于是她勉强凑足钱,分期付款买了一部旧车,又开始出去卖书。

她原想,再回去做事或许可以帮她改变她的颓丧。可是要一个人驾车,一个人吃饭,几乎令她无法忍受。有些区域简直就做不出什么成绩来,虽然分期付款买车的数目不大,却很难付清。

第二年的春天,她在密苏里州的维沙里市,见那儿的学校都很穷,路很坏,很难找到客户。她一个人又孤独又沮丧,有一次甚至想要自杀。她觉得成功是不可能的,活着也没有什么希望。每天早上她都很怕起床面对生活。她什么都怕,怕付不出分期付款的车钱,怕付不出房租,怕没有足够的东西吃,怕她的健康状况变坏而没有钱看医生。让她没有自杀的唯一理由是,她担心她的姐姐会因此而觉得很难过,而且她姐姐也没有足够的钱来支付自己的丧葬费用。

然而有一天,她读到一篇文章,使她从消沉中振作起来,使她有勇气继续活下去。她永远感激那篇文章里那一句令人振奋的话:"对一个聪明人来说,太阳每天都是新的。"她用打字机把这句话打出来,贴在她车子前面的挡风玻璃上,这样,在她开车的时候,就能看见这句话。她发现每次只活一天并不困难,她学会忘记过去,每天早上都对自己说："今天又是一个新的生命。"这让她成功地克服了对孤寂的恐惧和她对需要的恐惧。她现在很快活，也还算成功，并对生命抱着热忱和爱。她现在知道，不论在生活上碰到什么事情，都不要害怕；她现在知道，不必怕未来；她现在知道，每次只要活一天——而"对一个聪明人来说，太阳每天都是新的"。

在日常生活中可能会碰到极令人兴奋的事情，也同样会碰到令人消极的、悲观的事情，这本来应属正常。如果我们的思维总是围着那些不如意的事情转动的话，也就相当于往下看，那么终究会摔下去的。因此，我们应尽量做到脑海想的、眼睛看的，以及口中说的都应该是光明的、乐观的、积极的，相信每天的太阳都是新的，明天又是新的一天，发扬往上看的精神才能让我们的事业获得成功。

无论是快乐还是痛苦，过去的终归要过去，强行将自己困在回忆之中，只会让你倍感痛苦！无论明天会怎样，未来总会到来，若想明天活得更好，你就必须以积极的心态去迎接它！你要知道——太阳每天都是新的！

比困难更强大，它就打不倒你

困难可以将一个人击垮，也可以使一个人重新振作。这取决于你如何去看待和处理困难。如果你不想被困难击垮，就要比自己所遇到的困难更强大。事实上，我们必须练习如何战胜自己。因为，如果我们坚信自己无法处理自己的困境，那么我们已经被自己的心灵击败了。

发明家爱迪生就是奉行这个法则的伟人，他也是一个坚毅、积极的思考者。他的儿子查尔斯·爱迪生在任新泽西州的州长时，曾讲述过有关他父亲的一段精彩的故事。

一个不幸的晚上，西橘城规模庞大的爱迪生工厂遭大火，工厂几乎全毁了。那一晚，爱迪生损失了200万美元，他的许多精心研究也付之一炬。更令人伤痛的是，他的工厂保险投资很少，每一块钱只保了一角钱，因为那些厂房是钢筋水泥所造，当时人们认为那是可以防火的。

查尔斯·爱迪生当时24岁，他的父亲已经67岁。当查尔斯紧张地跑来跑去找他的父亲时，他发现父亲站在火场附近，满面通红，满头白发在寒风中飘扬。查尔斯说："我的心情很悲痛，他已经不再年轻，所有的心血毁于一旦，可是他一看到我却大叫：'查尔斯，你妈呢？'我说：'我不知道。'他又在叫：'快去找找，立刻找她来，她这一生不可能再看到这种场面了。'"

隔天一早，爱迪生走过火场，看着所有的希望和梦想毁于一旦，却说："这场火灾绝对有价值。我们所有的过错，都随着火灾而毁灭。感谢上帝，我们可以从头做起。"3周后，也就是那场大火之后的21天，他制造出了世界上第一部留声机。

也许由此我们应该领悟到：爱迪生能够成为伟大的发明家，不仅仅是因为他有过人的智慧和非凡的毅力，更重要的还在于他面对失败、困境的积极态度。他总是抓住困境的"刀柄"，让它为自己的人生和事业服务。

虽然，并不是每个人都能准确地把握住"刀柄"，但我们起码应该学会如何避免"刀刃"的伤害。

第六章　无论如何，都别让眼睛失去光泽

黑夜无论怎样漫长，白昼总会到来。就算再怎么不如意，都要对自己讲：我还有希望！就算有多么大的挫折，也要对自己讲：我还有希望！因为希望之灯一旦熄灭，生活刹那间就会变成了一片黑暗。

阴暗的时候，画扇窗给自己

人们思维角度不同，对问题的看法也各有所异，有人积极，有人消极。消极思维者只看坏的一面，对事物总能找到消极的解释，最终他们也将得到消极的结果。而积极思维者却更愿意从好的方面考虑问题，并通过自己的努力，得到一个积极的结果。

其实，事物的本身并不影响人，人们是受到对事物看法的影响！其实，不管遭遇何种打击、困境，只要心中有接纳阳光的窗户，我们便能透过现实的黑暗，看到窗外那片明亮的风景。

黄永玉是我国著名的书画艺术家，他自幼喜爱绘画，少年时期便因木刻作品蜚声画坛，有"中国三神童之一"的美誉。但也许你想不到，这样一位绘画大师，同时也是一位"心境"大师。

那一年，黄永玉带着他那颗饱经沧桑的心来到了北京，就住在今天被他命名为"芥末"的故居中。这是一所四壁是墙的老房子，除了一个极为狭窄的门外，整幢房子连一扇窗也没有。倘若关了门，房间里就会如同深夜一样黑得伸手不见五指。然而出人意料的是，黄永玉并没有嫌弃这个令人憋闷的家，反而开口大笑起来。只见他一边笑，一边拿出一张白纸贴在墙上，然后开始在白纸上画画。不一会儿，纸上便出现了一扇极为逼真的窗户，与真的窗户几乎毫无两样。顿时，整个房间明亮起来，就像屋外的阳光一下子照进了这间小屋一样。在场的所有人都被震住了，然后便纷纷鼓掌叫起"好"来。

人们之所以会连连叫"好"，除了惊叹黄永玉大师出神入化、摄人心魄的画技外，恐怕更多的是被他这种"画一扇窗给自己"的豁达超然的人生态度所折服吧。

所以，无论是成是败，都要明白：人生需要一个好的心态。人生的进退，生活的好坏，有时就取决于心态，努力是一种结局，放弃也是一种结局。只是不同的心境，有着不同的结果，你笑天是蓝的，你哭天是阴的。学会生活，需要一个好的心态；走好人生，需要一个好的心境，心态有时就决定着生活的苦与甜、成与败。

别让自卑毁了你的聪明才智

一个人的未来，85%取决于态度，15%取决于智力，所以一个人的成败很大程度上要看他是否自信，假如这个人是自卑的，那自卑就会扼杀他的聪明才智，消磨他的意志。

松下电器公司曾招聘一批基层管理人员，采取笔试与面试相结合的方法。计划招聘15人，报考的却有几百人。经过一周的考试和面试之后，通过电子计算机计分，选出了15位佼佼者。当松下幸之助将录取者一个个过目时，发现有一位成绩特别出色、面试时给他留下深刻印象的年轻人未在15位之列。这位青年叫神田三郎。于是，松下幸之助当即叫人复查考试情况。结果发现，神田三郎的综合成绩名列第一，只因电子计算机出了故障，把分数和名次排错了，导致神田三郎落选。松下立即吩咐手下纠正错误，给神田三郎发放了录用通知书。第二天，松下先生却得到一个惊人的消息：神田三郎因没有被录取而一下自卑起来，觉得自己一无是处，于是跳楼自杀了。录用通知书送到时，他已经死了。

松下知道之后自己沉默了好长时间，一位助手在旁边自言自语："多可惜，这么一位有才干的青年，我们没有录取他。"

"不，"松下摇摇头说，"幸亏我们公司没有录用他。如此自卑的人是干不成大事的。"

第一辑 关于昨天 被伤害的过去，只是为了生命的成熟

　　自卑的人是做不好事的。自卑的心态就像一条啃啮心灵的毒蛇，不仅汲取心灵的新鲜血液，让人失去生存的勇气，还在其中注入厌世和绝望的毒液，最后让健康的机体死于非命。在人生攀登的崎岖小路上，自卑这条毒蛇随时都会悄然出现，特别是当人劳累、困乏、困惑的时候，更要加倍警惕。

　　只有控制住自卑心态，人们才会敢于积极进取，成为一个有主动创造精神的人，才能开拓事业的新局面，也才会有积极的人生态度，才会活得开朗、开心，才会勇于承担责任，成为一个有责任心的人。而任何一个在事业上有所作为的人，都是有责任心的人。只有扔掉自卑，才会在平时积极思考，才会产生奇迹；才会积极跨越各种障碍，成为一个不怕困难的人；才会积极主动地去结交新朋友，改善和旧朋友的关系，才会取得成功。

无论何时，都不要否定自己

　　你若说服自己，告诉自己可以办到某件事，而这事是可能的，你便办得到，不论它有多艰难。相反，你若认为连最简单的事也无能为力，你就不可能办得到，鼹鼠丘对你而言，也变成不可攀登的高山。

　　要不想让困难挡住你，最有效的办法，就是不要轻易否定自己。

　　18岁那年，英格丽·褒曼的梦想是在戏剧界成名。但是，她的监护人奥图叔叔却要她当一名售货员或者什么人的秘书。为此两人争执

不下，奥图叔叔答应给她一次参加皇家戏剧学校考试的机会。如果考不上的话就必须服从他的安排。

为了能考上皇家戏剧学校，英格丽·褒曼还颇费了一番心思。一方面，她为自己精心准备了一个小品，表演一个快乐的农家少女，逗弄一个农村小伙子。她比他还胆大，她跳过小溪向他走去，手叉着腰，朝着他哈哈大笑。她反复认真地排练这个小品。另一方面，在考试的前几天，她给皇家剧院寄去一个棕色的信封，如果失败了，棕色的信封就退回来，如果通过了，就给她寄来一个白色信封，告诉她下次考试的日期。

考试的时候，英格丽·褒曼跑两步在空中一跳就到了舞台的正中，欢乐地大笑，接着说出第一句台词。这时，她很快地瞥了评判员一眼，惊奇地发现评判员们正在聊天，相互大声谈论着，并且比画着。见此情景，英格丽·褒曼非常失望，连台词也忘掉了。她还听到了评判团主席对她说："停止吧！谢谢你……小姐，下一个，下一个请开始。"

英格丽·褒曼听到这话后彻底失望了，她好像什么人也看不见、什么也听不见，在舞台上待了30秒就匆匆下台。她感到自己唯一能做的一件事就是去投河自杀。

她站在河边，准备结束自己的生命，当她的目光投到河面上时，发现水是暗黑色的，发着油光，肮脏得很。此时她猛然想到的是，等她死了以后，别人把她拖上岸后身上会沾满脏东西，还得咽下那些脏水。她又犹豫了："唔！这样不行。"于是就放弃了自杀的念头，回家去了。

第二天，有人给她送去了白信封。白信封？她有了白信封。她真的拿到了被录取的白信封。多年后，已成为明星的英格丽·褒曼碰见了那位评判员。闲聊之际，便问道："请告诉我，为什么在初试时你们对我那么不好？就因为你们那么不喜欢我，我曾经想去自杀。"

"不喜欢你?"那位评判员瞪大眼睛望着她,"亲爱的姑娘,你真是疯了!就在你从舞台侧翼跳出来,来到舞台上的那一瞬间,而且站在那儿向着我们笑,我们就转身彼此互相说着:'好了,她被选中了,看看她是多么自信!看看她的台风!我们不需要再浪费一秒钟了,还有十几个人要测试哪!叫下一个吧!'"

听了这一席话,她非常吃惊,而且十分后怕,她想,如果不是那河里的水太脏,可能自己真的就永远失去了这次机会!

很多年以后,已经是大明星的英格丽·褒曼在接受记者采访时谈起了当年险些自杀的事,她深有感触地说:"这件事给我的启发是,永远不要过早地宣判自己,因为转机随时都有可能发生,一切都有可能改变,一切都有可能是另外一个样子!"

永远不要轻易下结论否定自己,不要怯于接受挑战,只要开始行动,就不会太晚;只要去做,就总有成功的可能。世上能打败我们的,其实只有我们自己,成功的门一直虚掩着,除非我们认为自己不能成功,它才会关闭,而只要我们觉得还有可能,那么一切就皆有可能。

不断抗争的生命里没有灾难

逆境来时勇敢地尝试改变它,你可能创造历史;不敢改变,你就可能成为历史。

米契尔遭受了两次常人难以忍受的灾难。

第一次意外事故,把他身上65%以上的皮肤都烧坏了,面目可怖,手脚变成了不分瓣的肉球,为此他动了 16 次手术。手术后,他无法拿叉子,无法拨电话,也无法一个人上厕所,但曾是海军陆战队队员的米契尔从不认为他被打败了。面对镜子中难以辨认的自己,他想到某位哲人曾经说:"相信你能你就能!""问题不是发生了什么,而是你如何面对它。"他说,"我完全可以掌握我自己的人生之船,我可以选择把目前的状况看成是倒退或是一个起点。"

他很快从痛苦中解脱出来,几经努力、奋斗,变成了一个成功的百万富翁。米契尔为自己在科罗拉多州买了一幢维多利亚式的房子,另外还买了房产、一架飞机及一家酒吧。后来,他和两个朋友合资开了一家公司,专门生产以木材为燃料的炉子,这家公司后来成为佛蒙特州第二大的私人公司。

意外事故发生后 4 年,他不顾别人苦苦规劝,坚持要用肉球似的双手学习驾驶飞机。结果,他在助手的陪同下升上了天空后,飞机突然发生故障,摔了下来。当人们找到米契尔时,发现他的脊椎骨粉碎性骨折,他将面临的是终身瘫痪。家人、朋友悲伤至极,他却说:"我无法逃避现实,就必须乐观接受现实,这其中肯定隐藏着好的事情。我身体不能行动,但我的大脑是健全的,我还可以帮助别人的一张嘴。"他用自己的智慧,用自己的幽默去讲述能鼓励病友战胜疾病的故事。他到哪里笑声就荡漾在哪里。

在厄运的重创下,米契尔仍不屈不挠,日夜努力使自己能达到最高限度的独立。他被选为科罗拉多州孤峰顶镇的镇长,以保护小镇的美景及环境,使之不因矿产的开采而遭受破坏。米契尔后来也曾竞选国会议员,他用一句"不要只看小白脸"的口号,将自己难看的脸转化成一项有利的资产。

一天,一位护士学院毕业的金发女郎来护理他,他一眼就断定这就是他的梦中情人,他将他的想法告诉了家人和朋友,大家都劝他:别再痴心妄想了,万一人家拒绝你多难堪呀!他说:"不,万一成功了呢?万一她答应了呢?"米契尔决定去抓住哪怕只有万分之一的可能,他勇敢地向那位金发女郎约会、求爱。结果两年之后,那位金发女郎嫁给了他。米契尔经过不懈地努力,成为美国人心目中的英雄,也成为美国坐在轮椅上的国会议员,拿到了公共行政硕士学位,并持续他的飞行活动、环保运动及公共演说。

米契尔说:"我瘫痪之前可以做 1 万件事,现在我只能做 9000 件,我可以把注意力放在我无法再做的 1000 件事上,或是把目光放在我还能做到的 9000 件事上,告诉大家我的人生曾遭受过两次重大的挫折,如果我能选择不把挫折拿来当成放弃努力的借口,那么,或许你们可以从一个新的角度,来看待一些一直让你们裹足不前的经历。你可想开一点,然后你就有机会说:或许那也没什么大不了的!"

要抓住万分之一的机会,可不是那么容易的,必须要有积极、乐观的人生态度;只有凡事往好处想,才能视困难为机遇和希望,才能迎难而上,增添生活的勇气和力量,战胜各种艰难险阻,赢得人生与事业的成功,那万分之一就成了百分之百。

只要相信,希望永在

希望是附立于存在的,有存在便有希望,有希望便是光明。
当我们面对濒临绝望的境地时,心中必须对希望要有一份坚守,并不断地去努力寻找希望，只有如此，才会在失望中涅槃而生。

多年前，有一个美国女孩因为一场意外使双眼受了重伤，她只能借助左眼角的小缝隙勉强看到东西。在童年时，她很喜欢和邻居家的孩子们玩跳房子游戏，不过，她根本看不见记号，所以只有将自己游玩的每一个角落都记在心中。这样，即便是和孩子们赛跑她也从来没有输过。正是凭着这种坚韧的精神，长大以后她斩获了明尼苏达大学文学学士及哥伦比亚大学的文学硕士双重学位。

她年轻时曾经在明尼苏达的一个乡村里当过教师，后来又成了"奥加斯达·卡雷基"的新闻学和文学教授。这13年她过得很充实，她不止教书育人，还在妇女俱乐部做演讲、在电台做谈话节目。再后来，她写了一本自传体小说——《我想看》，一经出版立即引起轰动，成为畅销良久的文学名作。她就是50年如盲人般生活的波基尔多·连尔教授。

对于自己的成功，她这样说："其实在我的心中，不时也会冒出是否会变成全盲的恐惧，但是我坚信生活会很美好，我以一种乐于面对的高度去面对我的人生。"或许是上天对于她这份坚持的奖励，终于在52岁时，波基尔多·连尔教授经过现代先进医术的治疗，获得了40倍于以前的视力。相信，如果没有对于信念的坚守，她所看到的一定不会是如此绚烂的世界。

只要还相信有希望，就会有奋斗，就会有机会。最悲惨的就是万念俱灰。一些人在连续遭遇挫折后，失去了自信心，经历了多次众叛亲离，以致最终绝望。其实，人在低谷的时候，只要你抬脚走，就会走向高处，这就是否极泰来；如果你躺下不动了，这就是坟墓。

诚然，你有权利选择战斗或放弃，但结果肯定大不相同。幸福眷顾那些刚强之人，无论现实何等残酷，只要精神屹立不倒，人生就还有欢乐存在。人活于世，始终要保留着希望，丢失了希望，人生也将失去意义。事实上，只要我们能够在逆境中坚守希望，总是会有雨过天晴的时候。

所有的一切都能够应付过去

有多少次困难，开始以为是灭顶之灾，感到恐惧，受到打击，似乎无法逃脱，胆战心惊。然而，突然间我们的雄心被激起，内在力量被唤醒，结果化险为夷，一场虚惊。一个真正坚强的人，不管什么样的打击降临，都能够从容应对，临危不乱。当暴风雨来临，软弱的人屈服了，而真正坚强的人镇定自若，胸有成竹。

埃尔文的父亲生病时已经是年近七十了，因为曾经是加州的拳击冠军，有着硬朗的身子，才一直挺了过来。

那天，吃罢晚饭，父亲把埃尔文他们召到自己的房间。他一阵接一阵地咳嗽，脸色苍白。他艰难地扫了每个人一眼，缓缓地说："那是在一次全州冠军对抗赛上，对手是个人高马大的黑人拳击手，而我个子矮小，一次次被对方击倒，牙齿也出血了。休息时，教练鼓励我说：'史蒂芬，你不痛，你能挺到第十二局！'我也说：'不痛。我能应付过去！'我感到自己的身子像一块石头、像一块钢板，对手的拳头击打在我身上发出空洞的声音。跌倒了又爬起来，爬起来又被击倒了，但我终于熬到了第十二局。对手战栗了，我开始了反攻，我是用我的意志在击打,长拳、勾拳,又一记重拳,我的血同他的血混在一起。眼前有无数个影子在晃,我对准中间的那一个狠命地打去……他倒下了,而我终于挺过来了。哦,那是我唯一的一枚金牌。"

说话间,他又咳嗽起来。他紧握着埃尔文的手,苦涩地一笑:"不要紧,才一点点痛,我能应付过去。"

第二天,父亲就过世了。那段日子,正碰上全美经济危机,埃尔文和妻子都先后失业了,经济拮据。

父亲死后,家里境况更加艰难。埃尔文和妻子每天跑出去找工作,晚上回来,总是面对面地摇头,但他们不气馁,互相鼓励说:"不要紧,我们会应付过去的。"

如今,当埃尔文和妻子都重新找到了工作,坐在餐桌旁静静地吃着晚餐的时候,他们总会想到父亲,想到父亲的那句话:当我们感到生活艰苦难耐的时候,要咬牙坚持,学会在困境中对自己说:"瞧,我能应付过去!"

你必须相信,那么多当时你觉得快要了你的命的事情,那么多你觉得快要撑不过去的打击,都会慢慢地好起来。就算再慢,只要你愿意努力,它也愿意成为过去。而那些你暂时不能拒绝的、不能挑战的、不能战胜的、不能逆转的,就告诉自己,凡是不能打倒你的,最终都会让你变得更强!

第二辑　关于现在
活好每一个当下，就算对得起自己

　　一个人未来能通向什么地方，不是靠预测，而是看今天你都干了什么，干得怎样。就算生命很长，但人生的意义却是从你想努力的那天才开始。现在，你必须活好每一个当下，做好每一件该做的事情，如此，才能不辜负这么聪明的自己。

第一章　与其含泪抱怨，不如专注做更有意义的事

你对事物的态度，决定它带给你的是正能量还是负能量。抱怨，从另一个角度说，是在提醒你需要做出改变。抱怨本身并不可怕，只是，生活中我们更习惯抱怨，却不习惯改变。这一切正如叔本华所说："事物的本身并不影响人，人们是受到对事物看法的影响！"

抱怨是最消耗能量的无益举动

抱怨是一种流行病，你的抱怨会唤起他人的共鸣，让抱怨成为一种传递的心灵疾病，不但不能找到解决的方法，还可能让你因为抱怨的快感而升级抱怨的程度，最终又可能导致不可收拾的结果。

抱怨是最消耗能量的无益举动。有时候，我们的抱怨不仅会针对人，也会针对不同的生活情境，表示我们的不满。而且如果找不到人倾听我们的抱怨，我们会在脑子里抱怨给自己听。而正是这些抱怨，让我们彻底失去了改变现状的机会。

第二辑　关于现在　活好每一个当下，就算对得起自己

　　张凡大学毕业以后，进入一家公司的策划部门工作，连主管在内，策划部一共5个人。因为张凡文笔好，很快受到经理的重视，公司的一些活动方案都交给张凡起草。一般情况下，张凡起草的活动方案，主管稍加改动，就会直接报给公司最高层，大多数都能通过审核并付诸实施，但有时也会因某些公司领导的想法突然改变，重新进行调整。

　　有一次，公司要开展一次送温暖下基层的活动，起草方案的活儿自然落在张凡头上。张凡先与对方进行了联系沟通，详细地了解当地的情况和对方的需求，然后再根据公司的具体情况，很快起草完成了整个活动的方案。方案送上去后，得到了公司高层领导的好评，说不愧是一份既详细周到，又节约实用的好方案。张凡为此暗自得意了很多天。

　　可是，就在这次活动启动的头天夜里，张凡已经睡下了，朦胧中手机铃声响了起来，是公司秘书小雯打来的。她告诉张凡，公司领导临时改变决定，那份活动方案需要修改，要张凡马上回公司。张凡一看，已经是凌晨2点多了。"哪有这样折腾人的！"张凡十万个不愿意，但又不得不拿起外套往公司赶，心里直抱怨公司的领导怎么会如此朝令夕改，并且完全不顾及员工的感受，还说什么以人为本。到了公司一看，主管也在。虽然很快完成了方案的修改，但大家都察觉出了张凡的不满情绪。

　　也不知道为什么，自从这件事后，张凡的心理发生了一些变化，他的抱怨开始多了起来，一点小事都会斤斤计较，慢慢地，抱怨的情绪逐渐占据了张凡的内心。久而久之，同事们开始对张凡产生意见，慢慢地疏远了他。公司领导也不再让他承担主要工作，而是叫他配合其他同事。

　　不如意的人和事随时会出现在我们的周围，一旦事情发生了，我们就会不开心，会忧虑紧张，会感觉到各种压力，但是我们不要抱怨，

要做的就是积极调整自己的心态，以理智解决问题，最终就能够让自己的心灵得到放飞。

如果你研读马云的人生就会发现，在前 37 年里，他的人生就充斥着两个字：失败。37 岁之后，他突然就成功了，秘诀就四个字：永不抱怨。马云经常谈起他年轻时投履历到肯德基的故事。"当时有 25 个人一起去应征，24 人都应征上了，只有 1 个人没应征上，那个人就是我！"马云说。很多年轻人觉得很迷惘、很彷徨，他也曾经彷徨过，投过 30 多封履历都没有企业录取他，如果没有经过三十几年的彷徨，就没有今天的他。

我们可以这样看，天下只有三种事：我的事，他的事，老天的事。抱怨自己的人，应该试着学习接纳自己；抱怨他人的人，应该试着把抱怨转化成宽恕；抱怨老天的人，应该试着用努力改变老天对待你的方式。这样一来，你的生活会有想象不到的大转变。

去努力争取，而不是抱怨得到的少

有些人，嫉恨别人的所获，就刻意忽略别人的付出，把别人的成功归因于世界的不公，给自己的不努力找理由。与此同时，将自己拉入自我欺骗的臆想当中，觉得整个世界都欠自己的，心中悲愤无比。

其实，这个世界不欠任何人的，它给了你存活的空间，这就是最大的恩赐，而你最终活成什么样，那是你自己的事情。如果你不够努力，就不要抱怨别人比你得到的多，没有人抢走你任何东西，你的所获，一定程度上与你的付出成正比，而不是别人的错。

那天，约克和汤姆结对旅游。约克带了3块饼，汤姆带了5块饼。有一个路人经过，路人饿了。约克和汤姆邀请他一起吃饭。约克、汤姆和路人将8块饼全部吃完。吃完饭后，路人感谢他们的午餐，给了他们8个金币。约克和汤姆为这8个金币的分配展开了争执。汤姆说："我带了5块饼，理应我得5个金币，你得3个金币。"约克不同意："既然我们在一起吃这8块饼，理应平分这8个金币。"约克坚持认为每人各4个金币。

为此，约克找到公正的夏普里。夏普里说："孩子，汤姆给你3个金币，因为你们是朋友，你应该接受它；如果你要公正的话，那么我告诉你，公正的分法是，你应当得到1个金币，而你的朋友汤姆应当得到7个金币。"约克不理解。

夏普里说："是这样的，孩子。你们3人吃了8块饼，你吃了其中的1/3，即8/3块，路人吃了你带的饼中的3-8/3=1/3；汤姆也吃了8/3，路人吃了他带的饼中的5-8/3=7/3。这样，路人所吃的8/3块饼中，有你的1/3，汤姆的7/3。路人所吃的饼中，属于汤姆的是属于你的7倍。因此，对于这8个金币，公平的分法是：你得1个金币，汤姆得7个金币。你看有没有道理？"

所得与自己的贡献相等，这就是夏普里值的意思。

你愿意付出，才可能有收获，这就是世界的法则。

当然，不努力也可以，不努力也是人生的权利，除了父母师长，没有人会一直督促你努力。做个平庸之辈也是自己的选择。但不要自己不努力，偏偏又愤世嫉俗，觉得别人的成就都是投机取巧得来的，就你一个人无辜遭受命运的捉弄。觉得别人都不该享受他们的生活，都应该接受你的正义审判。

事实上,你只看到煤老板一掷千金,却没有看到他们为完成一个挖煤的系统工程,必须要上得讲堂下得井矿;你只看到了别人的小蛮腰,却没看到她们挥汗如雨在健身房;你只看到别人出入高档场所,却没看到人家平日里的辛苦奔忙。

世界真不欠你的,也不欠任何人的。每个人都有权利享受自己通过努力创造的幸福,世上没那么多内定的成功,你没能出人头地,要怪你还不够努力。如果你能全力以赴地去做事,没有人会否定你的优秀。

只会抱怨的人,有机会他也抓不住

机遇并不是公交车,它不会定时来到你身边,它需要你认真地准备和刻意去追求。"我没有机会"——这永远只是失败者的托词。

生活中有些人总是坐着等机遇,躺着喊机遇,睡着梦机遇,殊不知如果这样,机遇就会像满天星斗,可望而不可即,即使机遇真的来到身边,也发现不了,更不用说去捕捉和利用了。

或许在牛顿之前,很多人都曾被苹果砸到过,但为什么没有人发现万有引力?下面这个故事好像能说明点什么。

埃文斯一生碌碌无为,死后去上帝那里报到。上帝很不高兴,因为埃文斯的履历实在太空白了,上帝问埃文斯说:"你在人间足足活了

60多年，怎么一点儿作为都没有？"埃文斯对上帝的指责有些不服气，他辩解说："我之所以这样没出息，是因为你没有给我机会。如果让那个苹果砸到我的头上，那发现万有引力定律的人就是我了，哪还有牛顿什么事！"上帝回答说："上帝是公平的，我给每个人的机会都是一样的，你之所以这样，是因为你自己没有抓住机会。"

只见上帝把手一挥，时间一下回到了几十年前的那个苹果园。埃文斯正在一棵苹果树下打盹儿，这时上帝来了，只见他摇动苹果树，一个苹果正好落在埃文斯的头上。埃文斯一下惊醒，然后捡起苹果往身上蹭了蹭，就开始大嚼起来。上帝又摇动苹果树，一个大苹果又落在埃文斯头上，埃文斯也不客气，张口又把它吃掉了。上帝再摇苹果树，一个又红又大的苹果又落在埃文斯的头上。这下埃文斯可不干了，他一脚将苹果狠狠地踢出去老远，并大声咒骂："你这该死的苹果，搅了我的好梦！"

只见那个被埃文斯踢飞的苹果落到牛顿的头上，一下将牛顿从睡梦中惊醒，牛顿捡起这个苹果，陷入了思索。突然他高兴地大叫起来："就是这样！"万有引力定律就这样诞生了。

时光又回到现在，上帝对埃文斯说："你现在还有什么好说的？"埃文斯哀求道："请再给我一次机会吧！"上帝摇了摇头说："只知道自怨自艾的人，永远也抓不住改变命运的机会……"

其实上帝对待每个人都是公平的，只要我们肯用心，肯坚持去发掘机遇，每个人都会遇到自己的"苹果"，可遗憾的是，很多人只把"苹果"当苹果，生活中除了抱怨还是抱怨，那么即使给你100次机会，你也未必能够抓得住，而那些改变命运的机会就这样被你白白错过。

其实，机会也有"怪癖"，也很"懒惰"，它绝不肯浪费精力去寻找那些守株待兔、坐享其成的人；换言之，那些一心想要改变自己的人生、常常忙得焦头烂额、四处寻找机遇的人，往往容易得到机遇的垂青。若以"常理"推论，机遇似乎更应属于那些有时间、有精力的人，但事实却恰恰相反，天生的"怪癖"使它情愿为那些正在筹备梦想、忙于计划的人而现身。机遇是一种"灵物"，它双眼雪亮、行动迅速，它会主动找到那些愿意迎接机会的人；机遇是一种意念，它只存在于那些认清机会的人心中。

机遇带有一层神秘面纱，但绝非无法参透和洞悉。聪明人更善于一边经营生活、人生、家庭，一边捕捉身边的每一条信息，寻找足以令自己取得飞跃或成功的机遇。若是时机尚未成熟，他便暗蓄力量、厚积薄发，低调营造着自己的生活；可一旦时机成熟，他们必然会牢牢抓住机遇，顺势而上，将自己的人生、事业推向巅峰。

一味抱怨生活，不如动手改造生活

人生没有假设，不要抱怨上天给予自己的不够多，也不要抱怨自己的命运如何坎坷，很多有所成就的人，并不是因为上天多垂青他们，而是因为他们勇于接受事实，接受生活的真相。喋喋不休地抱怨，对成功毫无帮助，不管你遇到了怎样的阻碍，你都应该少动嘴、多动手，只有行动才能帮你把梦想化为现实。

第二次世界大战之后不久，席第先生进入美国邮政局的海关工作。他很喜欢他的工作，但5年之后，他对于工作上的种种限制、固定呆板的上下班时间、微薄的薪水以及靠年资升迁的人事制度(这使他升迁的机会很小),愈来愈不满。

他突然灵机一动。他已经学到许多贸易商所应具备的专业知识,这是他在海关工作耳濡目染的结果。为什么不早一点跳出来,自己做礼品玩具的生意呢?他认识许多贸易商,他们对这一行许多细节的了解不见得比他多。

自从他想创业以来,已过了10年,直到今天他依然规规矩矩在海关上班。

为什么呢?因为他每一次准备搏一搏时,总有一些意外事件使他停止。例如,资金不足、经济不景气、孩子的诞生、对海关工作的一时留恋、贸易条款的种种限制以及许许多多数不完的借口,这些都是他一直未去实施的理由。

其实是他自己使自己成为一个"被动的人"。他想等所有的条件十全十美之后再动手。由于实际情况与理想永远不能相符,所以只好一直拖下去了。他的理想也就成了空想。

世上确实有很多不公平的事,有很多值得埋怨的事。但是,世上是根本不可能会有什么十全十美的事。如果我们一味追求完美,抱怨社会,抱怨他人;如果我们一定要等到世上所有条件都具备了才开始行动,那么只好永远等下去了。有的人为什么一辈子都干不成一件事情,原因就在于此。

抱怨怀才不遇，其实是还不够好

拿破仑说，不想当将军的士兵不是好士兵，但是做不好士兵的人也永远当不了将军。现实的情况是，将军的位置很少，士兵的位置很多。如果大家都当将军，那谁来当士兵呢？何况没有当过士兵的将军，也不会是好将军。立大志固然很好，也很有必要，当志存高远，但落实到现实中的时候，必须脚踏实地，不能好高骛远，志大才疏。

郭海涛是名牌大学工商管理专业毕业生，在学校成绩一直名列前茅。毕业到现在这家公司应聘商务助理，一签就是两年，但却一直不温不火，得不到上司的重用。

郭海涛认为自己的能力不仅仅如此，而且这些年来工作还算勤快，按照上司的指令，该做的销售统计报表都做了，该跑的市场也跑了，可是上司没有提供一个更广阔的平台让他发挥。为此郭海涛跟上司也有过好几次交流，但上司只是表示，他很努力，这是值得肯定的，但还需要继续锻炼。

眼看以前的同学一个个升职而自己还只是一个小职员，郭海涛心里越发着急：什么时候才可以出人头地？郭海涛开始沉不住气，抱怨上司埋没自己。

这一天，郭海涛向上司提出了辞职。

上司问他："如果你觉得你应该得到重用，那么你能告诉我，你能

第二辑 关于现在 活好每一个当下，就算对得起自己

做什么吗？"郭海涛回答说："我觉得做个区域经理是没问题的。"

"那么区域经理要干些什么工作呢？"

"就是管理一个区域市场。"

"怎么管呢？"

"怎么管……"郭海涛心里嘀咕，"我又没有做过区域经理，现在怎么知道怎么管，这些事情坐上去后自然就会明白的。"

"郭海涛，我一直说你是很努力的，什么事情交给你，都可以按照指令执行得很好，可是这样还不够。我刚才问你能做什么，你回避了我的问题。如果你现在只是能做销售统计报表、跑市场而不懂管理市场的手段和方式，我又怎么能说你具备做区域经理的能力呢？要知道，做区域经理不是凭空说做就能做的。这两年来，你仅仅满足于执行指令，是一个很好的执行者，但是对于能否胜任区域经理这个问题而言，很实在地说，在你身上我没有得到满意的答案。"

郭海涛听了上司的这番话，低下了头……

不能脚踏实地的人，首要失误在于不切实际，既脱离现实，又脱离自身，总是这也看不惯，那也看不惯。或者以为周围的一切都与他为难，或者不屑于周围的一切，不能正视自身，没有自知之明。你该掂量自己有多大的本事，有多少能耐，要知道自己有什么缺陷，不要以己之所长去比人之所短。

决心获得成功的人都知道，进步需要一点一滴的努力。就像"罗马不是一天造成的"一样，房屋是由一砖一瓦堆砌成的；足球比赛最后的胜利是由一次一次的得分累积而成的；商家的繁荣也是靠着一个一个的顾客逐渐壮大的。所以说，每一个重大的成就，都是一系列小成就累积而成。

别怨别人在你不好的时候选择逃跑

人，都喜欢锦上添花，所以当你一帆风顺、蒸蒸日上的时候，有很多人愿意接近你。

人，本性里是趋利避害的，所以当你遇到困难、举步维艰的时候，很多人可能会离开你。

如果有人背叛了你，离开了你，不要抱怨，不要责怪人情薄凉。对于曾经接近你的人，我们要感谢，因为他们给我们的"锦上"添了"花"；对于困难时离开你的人，我们也要表示感谢，因为正是他们的离开，给我们泼了一盆足以清醒的冷水，让我们在孤独中重新审视自己，发现自己的危机，让我们有了冲破樊篱、更进一步的动力。

霍云霆与马淑淑相恋5年有余，按照原来的约定，他们本该在今年携手走进婚姻殿堂的，但是，就在婚前不久，马淑淑做了"落跑新娘"，她留下一纸绝情书，与另一个男人去了天涯海角。

了解霍云霆的人都知道，他与马淑淑之间的爱情九曲十八弯，甚至有些荡气回肠。

霍云霆英俊帅气，风度翩翩，在香港科技大学完成学业以后，就回到了父亲创办的公司担任部门经理，管理着一个重要部门，由一位追随父亲多年的叔伯专门负责培养他、指导他。他行事果敢，富有创新意识，这个部门在他的管理下越发出色起来。

第二辑 关于现在 活好每一个当下，就算对得起自己

这个时候，追求他的姑娘、前来提亲的人家简直多得让人眼花缭乱，其中不乏当地的名门名媛，但他一概礼貌地回绝了，却唯独对来自农村的马淑淑情有独钟。

那个时候的马淑淑不但长相甜美，而且思想单纯，相比都市里雪月风花、汲于名利的女人们，她恰似一朵雪莲花不胜寒风的娇羞，这份纯朴的美让霍云霆十分醉心。

然而，受中国传统门当户对思想的影响，霍云霆的父母对于这种结合并不认同，霍云霆为此与家人无数次理论过，甚至愿意为马淑淑放弃现在的一切，只求抱得美人归。在他的执着坚持下，父母终于妥协了。

由于马淑淑的身体一直不好，医生建议他们3年之内最好不要结婚，霍云霆只能把婚期向后推迟，3年来，他一直精心照顾着马淑淑，给了她无微不至的关爱，马淑淑的身体渐渐好了起来。

随后，为了马淑淑的事业，霍云霆又强忍着心中的寂寞，出资安排她去国外学习企业管理。在这5年多的交往中，可以说一个男人能做的，霍云霆几乎都做到了。

2007年，受国家货币政策影响，再加上人民币不断升值，霍家的公司受到了很大冲击。很快，公司的利润被压迫在一个很小的空间，后来，干脆成了赔本买卖。无奈之下，霍老先生只能申请破产。霍云霆也由一个白马王子变成了失业青年。

任谁也没想到，在霍云霆最困难的时候，那个他曾给予无数关爱，那个他愿意为之付出一切，那个曾与他海誓山盟的女孩，决绝地提出分手，跟着一个美国男人去国外"发展"了。

公司破产，霍云霆并没有多么难过，因为他觉得凭自己的能力，有朝一日一定可以帮助父亲东山再起，因为他觉得即便自己变成了一

个穷小子,但至少还有一个非常相爱的女朋友。但是现在,他真的觉得自己一无所有了,曾有那么一段时间,霍云霆非常颓废。

一个人独处的时候,霍云霆反复问自己,"我那么爱她,她为什么在这个时候离开我?!"最后,他不得不接受一个残酷的事实——她太功利了,她不会跟一个身无分文的穷小子过一辈子!究竟是她变了,还是原本就如此,此刻已不重要。重要的是,接下来该做些什么。

冷静之后,霍云霆意识到,自己必须努力了,否则才是真的一无所有。女友的无情背离也让他对爱情有了新的认知,他懂得了,爱并不是一厢情愿的冲动,有的人并不值得去爱,也不是最终要爱的人,所以放手,放任她离开,但不要带着怨恨,那只会让自己的内心永远不得安歇,为那个不爱自己的人徒留下廉价的伤感而已。

不久之后,霍云霆找到了父亲的一位老朋友,并以真诚求得了他的资助。用这笔资金,霍云霆在上海创办了一家投资公司,他又是学习取经,又是请高人管理,公司很快就步入了正轨,现在,霍云霆又积累了不菲的一笔财富。

在那位叔父的撮合下,霍云霆又结识了一位从法国留学归来的漂亮姑娘,两个人一见钟情,很快确定了恋爱关系,双方的父母也都对彼此非常满意。

如果当初那个女人不离开他,或许霍云霆就不会有如此大的动力,或许他会出去做一个高级打工者,一样能过日子。但是,她离去了,一段时间内,霍云霆一无所有,这给了他前所未有的危机感,这种危机感鞭策着他必须去努力,似乎是为了证明些什么,但其实更是为了他自己。

曾经受过伤害的人,在孤独中复苏以后,会活得比以往更开心,因为那些人、那些事让他认清自己,同时也认清了这个世界。如果有人曾经背弃了你，无论他是你的恋人还是朋友，别忘了对他说声"谢谢"，因为正是这背离，才让你更坚强，更懂得如何去爱，也更懂得如何保护自己。

第二章　不要等到明天，才记起今天该准备什么

成功是一种积累，为明天做准备的最好方法，就是集中你所有的智慧，所有的热忱，把今天的事情做得尽善尽美，这是你能应付未来的唯一方法。如果你无所事事地度过今天，那就等于荒废了明天。

既然活着，每天总得收获点什么

人过留名，雁过留声，来这世上走一遭，总得做点什么。

年轻时我们常困惑于生命的意义，猜测着人从哪里来，思考着该向哪里去，也常因无知而终日感慨要出世，自以为远离凡尘俗世，避开纷纷扰扰便是大彻大悟，殊不知连生活到底是什么样子都没体验过，一张白纸般的人生又何谈彻悟。

人活着，每天至少应该做点什么，让自己有点收获。

猎户早年丧妻，带着儿子住在山里，两人相依为命。几天前，猎户不小心摔伤了腿，只好卧床休养。现如今，家里的柴米不多了，猎户便让儿子去山下的舅舅家借些米回来度日。

第二辑　关于现在　活好每一个当下，就算对得起自己

傍晚，儿子两手空空地回来了。猎户问他："怎么？你舅舅不肯借米给我们？"

儿子说："不是，舅舅的村子闹灾荒，地里的庄稼都被蝗虫吃了，颗粒无收，舅舅家没有米，他向村里人给我们借，也没有借到。"

第二天，猎户让儿子去远一点的叔叔家借米，或许那里的情况会好一些。

仅仅过了两个时辰，儿子就两手空空地回来了。猎户问他："你怎么没有去叔叔家？"

儿子回答说："这几天雨水不断，通向叔叔家的那座桥被水淹没了，附近也没有渡船，我就回来了。"

连续两天，父子二人只能以野菜度日，到了第三天，洪水退了，猎户又让儿子去借米。儿子这次下决心一定要借到米。他走过那条河，来到叔叔所在的村庄。然而，他看到的景象实在是太惨了。因为洪水，这里发生了瘟疫，疫情蔓延，叔叔家的灶膛已经几天没有烟火味了。叔叔带着他去借米，但家家户户大门紧闭，无论怎样敲门，就是没有人理睬。

儿子沮丧地回到山上，心里已经做好了挨骂的准备。

猎户见儿子又没借到米回来，问明缘由后沉思片刻，对儿子说："你借不到米也是事出有因，我并不怪你，但你出门三次，总得带些什么回来吧！第一次出门，遭遇蝗灾，但也可以顺手拣一些柴火；第二次出门，洪水蔓延，但你可以就近采一些山果；这次回来，哪怕是你只带回来一壶水，一颗掉落在地上的麦穗，我也不会失望。尽管这些都很琐碎、细小，并不能解决我们现在的问题，但一把柴火，即便被雨水打湿了，也可以待天晴晾干备不时之用；山果虽然还不十分成熟，但至少可以让我们的肚子里有些干货；一壶水、一颗麦穗虽然不起眼，

但起码能够体现出你走路的价值啊!"

有时候我们就像那个孩子,生命就是奔波的路途,每一天我们走出去,都有值得我们带回来的东西。

每天都做一些或多或少、或大或小、或有形或无形、或物质或精神、或意料之外或意料之内利己利他利社会的事情,每天一点点收获,一点点进步,就会感到每天都过得很充实,很有成就感,精神上也很愉悦,就能够体会到生活的快乐、人生的幸福与生命的价值。

默默储备,就可能一鸣惊人

在遭遇重大事件时,你能否克服自卑,取得成功,就全看你的准备有多充分。

小蒋是一所著名大学的学生,他在全国著名高校辩论赛中表现突出,但当他谈起那次辩论赛获胜的原因时,他却这样说:

"我在辩论赛中按规定要答复对方辩友的演说词,而对方辩友的演说词在我看来简直是无可辩驳的。那时的规定是允许对方有一天的准备时间。

"那时,我觉得对方的演说词好像无可辩驳,但明天比赛开始时,不管怎么样终究不能不做出答辩。我没有充分的时间做准备,但我所答复的问题将会成为我方能否取胜的关键。最后我的演说获得了巨大的成功，也最终促成了我方的胜利。

"那篇演说稿是我当夜写出来的，其中的大部分材料，都是从书桌里的一堆笔记上得来的。这堆笔记是我以前为了研究其他问题摘录下来的。这就是说，正是我以前所做的储备在这一次派上用场了。"

在你开拓事业时，体力、道德、智力的储备都是十分需要的。你要是有志于做大事，必须使这些能力有相当的储备，只有这样，才可以担当重任，才可以应付非常事件。

普法战争之前，普鲁士的毛奇将军在军事上所做的准备是最好的例证，战斗力的储备和军事计划的准备是可以克敌制胜的。毛奇将军的行为，值得每个青年人效仿。

在战争爆发之前的13年，毛奇将军就已经着手筹划周密的作战计划了。全国的每个将官，甚至后备队中的每个军人都奉有种种训示，告诉他们作战时应采取的动作和要把握的时机。

全国的将帅，还都奉有各种关于军队调度、行军方略的密令。只要一接到动员令，可以立刻遵照行动，而且兵站也预先设置在位置最适当、交通最便利的地点，以免作战时运输不便。

毛奇将军对于所订下的作战计划，还常常加以变更、纠正。力求适合当时的情势，以备战事在任何时候发生都能指挥若定，应付自如。据说，1870年所执行的作战计划，早在1868年就订下了，而第一次计划的拟订，则远在1857年就已完成。所以战争一爆发，毛奇将军所指挥的德军，其行动就准确得分毫不差。

然而，法国的军事当局却一点儿准备都没有。

战事一开始，前线法军向后方发出的告急电报就纷至沓来。供给不足，驻军不便，军队无法联络，一切都混乱不堪。与德军作战，犹如螳臂当车,致使法国步步失算,处处落后。结果城下乞降,忍受常人无法忍受的奇耻大辱。

有多少人,因为在事业上没有做好充分准备,而导致一败涂地。他们以为自己的能力足以应付目前的事务就不做更充分的准备。他们不想再把地基掘得更深些、基础打得更牢些,他们也不想多储藏些能力,他们更不用远大的眼光去预测未来。

假如青年人真的盼望能得到丰盛的收获,他就必须要先耕耘土地,在播种的时节,则应播撒良好的种子。

假如你不在自己的生命中投入些什么,你就不能从你的生命中取出些什么,就像你没有把钱存进银行,就不能向银行取钱一样。所以,你要超越平庸,就要储备各方面的知识与技能,一旦时机成熟,你必能凭借着这些"武器"冲出平庸的囹圄。

把时间花在进步上,而不是虚度

大部分人都是在别人荒废的时间里崭露头角的,把时间花在进步上,而不是虚度上,这就是成功的秘诀。

自从进入 NBA 以来,科比就从未缺少过关注,从一个高中生一夜成为百万富翁,到现在的亿万富翁,他的知名度在不断上升。洛杉矶如此浮华的一座城市对谁都充满了诱惑,但科比却说:"我可没有洛杉矶式的生活。"从他宣布跳过大学加盟 NBA 的那一刻他就很清楚,自己面对的挑战是什么。

每天凌晨4点，当人们还在睡梦中时，科比就已经起床奔向跑道，他要进行60分钟的伸展和跑步练习。9:30开始的球队集中训练，科比总是最少提前1个小时到达球馆，当然，也正是这样的态度，让科比迅速成长起来。于是，奥尼尔说："从未见过天分这样高，又这样努力的球员。"

十几年弹指一挥间，科比越发得伟大起来，但他从未降低过对自己的要求，挫折、伤病，他从没放弃过。右手伤了就练左手，手指伤了无所谓，脚踝扭到只要能上场就绝不缺赛，背部僵硬，膝盖积水……一次次的伤病造就出来的，只是更强的科比·布莱恩特。于是你看到的永远如你从科比口中听到的一样——"只有我才能使自己停下来，他们不可能打倒我，除非杀了我，而任何不能杀了我的就只会令我更坚强。"

当然，想要成功绝不是说一句励志语那么简单，而相同的话与他同时代的很多人都曾说过，但现在我们发现，有些人黯然收场，有些人晚景凄凉，有些人步履蹒跚，96黄金一代，能与年轻人一争朝夕的就只剩下了科比。

"在奋斗过程中，我学会了怎样打球，我想那就是作为职业球员的全部，你明白了你不可能每晚都打得很好，但你不停地奋斗会有好事到来的。"这就是科比，那个战神科比。

在很多时候，我们似乎更倾向于一种"天才论"，认为有一种人天生就是做某某的料，所以在某一领域尤为突出的人，时常被我们称为"天才"。譬如科比，你可能认为他就是个篮球天才，的确，这需要一定的天赋，但若真以天赋论，科比不及同时代的麦格雷迪，若以起点论，科比更不及同年的选秀状元艾弗森，为何如今有如此不同的境遇？

答案就是对时间的珍惜以及自身的不懈努力。

在我们这个时代，很多人都喜欢抱怨上天不公，抱怨自己怀才不遇，未能人尽其才，甚至因此不思进取、自暴自弃，最终沦为时代的淘汰品。俗话说得好，"三百六十行，行行出状元"，为什么一块普通铁块，在某些铁匠手中能够成为将军手中的利刃，而在另一些铁匠手中，只能成为农夫手中的锄犁？答案很简单，前者精于本业，不断锤炼自己的专业技能，后者不思进取，只求草草谋生。

其实，与其抱怨别人不重视我们，不如反省自己，抓紧时间，不断提高自己的能力。倘若我们能够在自己所处的领域中，以饱满的热情、以一丝不苟的态度、以不断进取的精神，去迎接看似枯燥乏味的事业，就一定能够实现自己的人生价值，一定能够获得荣耀与肯定。

有所准备，机会才不会被浪费

没有做任何准备的人，他们得不到任何的机会，迎接他们的总是困难和坎坷。而那些一直在做准备的人，他们能够注意到每一个机会，并充分加以利用。

2012年夏，郑雯和韩宁大专毕业。她们制作了精美的简历，开始了自己艰难的求职旅程，起初郑雯和韩宁一样，买了大沓的信封邮票，一次次地到邮局寄求职信，然而她们等来的是一次次的失败。终于郑雯坐不住了，她决定改变战术，主动出击，首先她到网络上下载了许多关于求职之道的资料，细心解读后，先理了一个老少皆宜的发型，然后又买了一套职业装，还买回了大包的口香糖。再买信封，也是挑那种印刷精美、质地优良的，开始了新一轮的投送。

回音又不断传来，郑雯又像赶场似的去面试。然而结局还是跟没理发、没嚼口香糖之前一样。

屡战屡败的郑雯，翻着手头所剩无几的面试通知书，心中好不凄凉。其中有一张通知是一家化妆品公司寄来的，这无意间提醒了她，家里的洗涤用品该买了。

在商场里，郑雯看到了那家公司的产品，不知来了灵感还是怎么回事，郑雯似乎突然明白该怎么做了。

她在商场泡了一整天，观察有多少顾客光顾化妆品柜台，有多少人买了这家公司的产品。她小心翼翼地赔着笑脸，向售货员小姐询问有关化妆品的事情，得到了不少"情报"。

两天后的面试，郑雯又是嚼着口香糖去的，但这次她的口里吐出不少关于化妆品市场的分析。

主持面试的那家公司的副总，是特地从上海赶来北京的，听完了郑雯的讲述，率直地说："郑小姐，对不起！您刚才讲的有很多错……"

"哦！请您，请您再给我一次机会。"郑雯带着期望的眼神看着面前的副总。

"郑小姐，听我把话说完，尽管你讲的很多情况是错的，但你是所有应聘者中唯一肯花时间到商店去看我们产品的人。我看你是一个有心的女孩儿，这样吧，你明天来上班吧！"

一切是这么的艰难，艰难是因为自己以前没有准备；一切又是这么的简单，简单是因为自己现在有了准备的头脑；一切是这么的偶然，一切又是这么的必然。就这样，郑雯上班了。几年后，她凭借自己有准备的头脑，把握住了一次次的机会，终于坐上了营销总监的宝座。而韩宁则因为没有找到合适的工作回老家结婚去了。

机会只给有准备的人，而我们往往因为害怕失败而不敢尝试，因为害怕被拒绝而不敢跟他人接触，因为害怕被嘲笑而不敢跟他人沟通情感，因为害怕失落的痛苦而不敢对别人付出承诺。

能否把握机会，是决定人生能否成功、是否如意的关键；用一种积极进取的态度对待生活，我们的人生就会得到提升。机会不等人，千万不要让它从你的指缝间溜走，否则你就会一事无成。

积蓄知识比积蓄金钱更重要

自古以来一切有成就的人，都很严肃地对待自己的生命，当他活着一天，总要尽量多劳动、多工作、多学习，不肯虚度年华，不让时间白白地浪费掉。学习对成功有很大的影响，没见过见识短浅的人能成大事的。对于真正善于学习的人来说，到处都是学问，他们看到的所有事物，都可以提升自己的境界。

犹太人是全世界公认的最会做生意的人。那么，他们的成功秘诀究竟是什么呢？亚伯拉在其畅销书《犹太人的赚钱哲学》中做出了全面而系统的回答。最直接的答案就是：一、犹太人非常尊重教育和知识；二、犹太人用昨天的磨难换取今天的成功。一言以蔽之：犹太人通过学习和实践提高了自身的素质。在犹太人的社会中流传着这样一句谚语："知识是最可靠的财富,是唯一可以随身携带、终身享用不尽的财产。即使变卖一切财产,也要将女儿嫁给学者;为了娶学者的女儿为妻,纵然付出所有的财产也在所不惜。"由此可见,犹太人已经把学习当成了生命中的一部分。作为一个四海为家的流浪民族,犹太人拥有的最可靠、最宝贵的财富,其实就是知识,而能让犹太人在商界如此出类拔萃的第一要素,其实就是学习。

目前在中国最具有影响力的企业家马云在2008年金融海啸时期在做什么?他在学习。在跟杰克·韦尔奇学习,跟比尔·盖茨学习,跟巴菲特学习,跟日本的经营之神松下幸之助学习。金融海啸是如何顺利度过的?马云的原话:"就是靠学习。"

人的天才只是火花,要想使它成熊熊火焰,那就只有学习!学习!

福特少年时,曾在一家机械商店里当店员,周薪只有2美元多一点儿。他自幼好学,尤其对机械方面的书籍更是着迷。因此,他每星期都花钱来买书,孜孜不倦地研读,从未间断。

当他和布兰都小姐结婚时,只有一大堆五花八门的机械杂志和书籍,其他值钱的东西则一无所有;但他已拥有了比金钱更宝贵、更有价值的机械知识。

几年后,福特的父亲给他200多平方米的土地和一栋房屋。如果他未研读过机械方面的杂志书籍,终其一生,也许只是一个平凡的农夫而已。但已具有丰富的机械知识、胸怀大志的福特,却朝着他向往已久的机械世界迈进。此时,从书本上得来的知识,便助他开创出一番大事业。

功成名就之后,福特曾说道:"积蓄金钱虽好,但对年轻人而言,学得将来经营所必需的知识与技能,远比蓄财来得重要。""年轻的朋友,先把钱投资于有益的书籍吧!从书上可学到更大的能力。至于储蓄,有了充分的能力致富后,开始蓄存还来得及。"

知识的积累只有达到一定的数量,才能发挥应有的功能。遗憾的是,目前社会上80%的人都是被动学习者,被逼无奈才会进入学习期。其实,学校里学到的东西仅仅是整个人生的一小部分,更多的来自于社会上的学习。但是会学习的人并不多,主动学习,紧跟时代步伐的人更是少之又少,这大概就是成功者只是少数人的原因吧。

储存每一条可能对你有用的信息

21世纪,"信息"成了各种书籍与媒体使用频率最高的词汇之一,"信息化浪潮""信息经济""信息技术"等词语不断闪现在我们眼前。在人们的交往过程中,拥有信息的多少已然成为机会和财富的象征,掌握信息的人往往显得更有能力,易成为人们瞩目的焦点。因为有了信息的积累,思路就会随之拓宽,就有可能掌握到更多的知识。

"信息爆炸"给人们带来了无穷的机会,可以说在当今社会中,谁获取的信息最多,谁就是这个社会的成功者。因为每一条信息会为我们开启一扇机会之门,使我们通向成功。

哈默在16岁时,已决定不再从家里要钱,自己开始挣钱了。一天他在大街上散步,看中一辆标价185美元的双人敞篷汽车,而这笔钱对他不是个小数目。突然他想起两天前曾在一幅广告中看到一家工厂找人送圣诞糖果的启事,现在买下这辆车,不正好去应聘那份工作吗?想到这里,他马上找到哥哥借了钱,买下了这辆车,并立即与那家工厂联系,接手了那份工作,为一位富商送圣诞糖果。两周后,他还清了哥哥的钱,自己也有了些小钱。第一次生意给他很多启示,他认识到,只要留心生活中的每一个小的现象,并利用好这种很小的信息,再加上努力工作,就能获得大多数自己想要的东西。

哈默在大学学习期间,父亲让他帮忙管理一个濒于破产的制药厂,同时父亲要求他不要放弃学业,将经商与学习结合起来。他接受了这个充满挑战的机会。18岁的他贷款买下了药厂合伙人的全部股份,掌握了药厂的实权,同时,大胆改革药厂的经营方针。经过一番苦心经营,在大学毕业前,他已是拥有百万美元的大学生了。

也许有人认为,我们远不如那些商业巨子聪明,对信息也不如他们敏感,面对信息社会甚至有些无所适从。其实,这都是次要因素,每个人的智商都差不多,事在人为,只要方法得当,我们就不会再感到茫然,我们也能拥有敏锐的眼光,在沙子中找到金子。我们生活在这样一个信息社会,应该学会培养自己接收信息和处理信息的能力,为自己铺设多条成功的道路。

在充满信息的社会中,对信息的收集与整理是一个学习过程。当我们的知识积累到一定程度之后,我们就会具有不同寻常的理解力和智慧,就可以透过现象抓住本质。信息也就是平时积累的材料,通过我们不断地积累,再与生活两相对照,我们就会发现哪些材料是有价值的,哪些是毫无用处的,这样信息就成了我们的有用资源。所以,收集信息,是很关键的一步。

当信息储存到一定程度的时候,我们要注意它们的相关性,也许单个的信息没什么用处，一结合起来，就有了很高的价值。这就要对收集来的信息进行分析，这不但是一个厘清思路的过程，有时甚至可以发现信息外的一些信息，使我们获得意想不到的有价值的信息。

其实学习就是在智力上的自我准备，不论上中等的职业学校课程，还是理论或应用科学的普通课程，都是开启我们智慧之门的钥匙。在具备了基本的知识之后，进一步以经验为指导，信息所发挥的功能就会是巨大的。所以学习也就是把知识作为一种长久的信息储存起来。

比尔·盖茨在投身软件业时，联系自己编写软件、操作系统、语言、应用程序等方面的丰富知识，再加上所获得的个人软件行业在市场中仍然很薄弱的信息，于是取得了成功。

如果我们主观上缺乏准备，头脑中完全没有捕捉信息这根弦，那么就是有用的信息摆在我们面前，也会白白地溜掉。我们常见到这样的情形：有些人天天看报纸、听广播、看电视，但是他们从未发现任何有价值的信息。他们对信息毫不敏感的原因，在于缺少捕捉信息的意识和紧迫感，通常也懒于去整理自己每天所看到的信息。所以，我们必须树立常抓不懈，多方收集信息的意识，使自己成为捕捉信息和机遇的有心人。

但信息本身千姿百态，有的属于虚假的表象，能阻挡一般人的视野；有的属于无关紧要的细枝末节，容易被一般人所忽视，我们应该保持清醒的头脑、学会辨真识伪，让信息为己所用，才能有助于我们拓宽思路。

第二辑　关于现在　活好每一个当下，就算对得起自己

积累实力，才有日后的厚积薄发

让别人重视你的最好做法，就是用真本领武装自己。想得到别人的肯定，要靠自己的实力去实现。

阿迪斯的学习成绩挺好，毕业后却屡次碰壁，一直找不到理想的工作，他觉得自己得不到别人的肯定，为此而伤心绝望。

怀着极度的痛苦，阿迪斯来到大海边，打算就此结束自己的生命。

正当他即将被海水淹没的时候，一位老人救起了他。老人问他为什么要走绝路。

阿迪斯说："我得不到别人和社会的承认，没有人重视我，所以觉得人生没有意义。"

老人从脚下的沙滩上捡起一粒沙子，让阿迪斯看了看，随手扔在了地上。然后对他说："请你把我刚才扔在地上的那粒沙子捡起来。"

"这根本不可能！"阿迪斯低头看了一下说。

老人没有说话，从自己的口袋里掏出一颗晶莹剔透的珍珠，随手扔在了沙滩上，然后对阿迪斯说："你能把这颗珍珠捡起来吗？"

"当然能！"

"那你就应该明白自己的境遇了吧？你要认识到，现在你自己还不是一颗珍珠，所以你不能苛求别人立即承认你。如果要别人承认，那你就要想办法使自己变成一颗珍珠才行。"阿迪斯低头沉思，

半响无语。

只有珍珠才能自然且轻松地把自己和普通石头区别开来。你要得到重视，要出人头地，必须要有出类拔萃的资本才行，这样才算找准了让别人重视自己的关键。

许振超曾是青岛港一名普通的桥吊司机，他凭借苦学、苦练、苦钻，练就了一身绝活儿，成为数万人的港口里响当当的技术"大拿"，进而成为闻名全国的英雄人物。

许振超的"无声响操作"，偌大的集装箱放入铁做的船上或车中，居然做到了铁碰铁不出响声，这是许振超的一门绝活儿，其实他所以创造了这种操作方法，是因为它可以最大程度地降低集装箱、船舶的磨损，尤其是降低桥吊吊具的故障率，提高工作效率。实践证明，它是最科学也是最合理的。

有一年，青岛港老港区承运了一批化工剧毒危险品，这个货种特别怕碰撞，稍有碰撞就有可能引发恶性事故。当时，铁道部有关领导和船东、货主都赶到了码头。为确保安全，码头、铁路专线都派了武警和消防员。泰然自若的许振超和他的队友们，在关键时刻把绝活儿亮了出来，只用了一个半小时，40个集装箱被悄然无声地从船上卸下，又一声不响地装上火车。面对这轻松如"行云流水"般的作业，紧张了许久的船主、货主们迸发出了欢呼声。

许振超是位创新的探索者，他的认识很朴素：我当不了科学家，但可以有一身的绝活儿。这些绝活儿可以使我成为一名能工巧匠，这是时代和港口所需要的。就是凭借着这样的一种信念，许振超的"技术口袋"里的绝活儿越来越多了。

在企业改制过程中，不少人下岗，其中不乏中专、大专学历者，而许振超以一个初中的学历，硬是靠关键时刻能打硬仗的绝活儿成为一个大型企业的员工楷模。

　　所以，要想赢得难得的机会，就必须勤学苦练，培养自己的才能，壮大自己的实力。只有这样才能获得他人的重视和肯定，获得机会的垂青。

第三章　改变不了别人的看法，就改变自己的活法

任何人都无法阻止一个人的强壮，只能用嘲笑和讽刺来抑制他的生长。有些人被成功地打败了，也有的坚强反抗直至胜利。我们要做第二种人，要成长，即使少不了质疑和打击，也要感谢那些嘲笑我们、质疑我们、打击我们的人，是他们让我们坚强，让我们有了不得不进步的理由。

做好自己，不必在乎冷嘲热讽

这个世界上，爱说风凉话的人很多，爱说真心话的人却很少。也许每个人，在生命的流转里，都曾遭到过别人的冷嘲热讽，那是因为很多人乐于看到别人出洋相，他们对别人指指点点，才能更显示出自己的优越感。纵然这确实让我们很难受，但是，你其实不必太在意。

别人可以看不起你，只要你没有看不起自己就好，风言风语总会在你功成名就那一日烟消云散，在此之前，就请加倍努力，勇敢实践你的梦想，当胜利女神对你微笑的时候，这一切的甘苦心酸，都会成

为最甜美的回忆。

第一年高考，他以5分之差落榜，成为村里人茶余饭后讥笑的对象。

第二年，他复读重考，却又因8分的差距名落孙山。走在村里，到处都有人对他指指点点，说他拿着父母的辛苦钱在学校厮混，抽烟喝酒交朋友，逃课上网玩游戏，他要是能考上大学，村里的混子都能当干部。打这起，他就成了村里家长教育孩子的反面教材。

对于人们的讥讽，他一笑了之。不久之后，他悄悄去了广州打工，不再和家人联系。这更给了村里人讥笑他的谈资，说他没骨头，遇事只会躲，不知道为家里人争一口气。

一年多的时间，他没给家人写一封信，打一个电话。过年的时候，那些在外地打工的村民纷纷"衣锦还乡"，唯独他没有音讯。村里又流言四起，说他在外面犯了事被抓进去了，于是开始疏远了他们家。

这让他的父母亲感到非常难过，认为这个不争气的儿子给自己抹了黑，在村里抬不起头来。

又过了一年，村里仍然没有他的任何消息。村里好事的人又开始猜测了，有人甚至说他早死在外面了。望眼欲穿的父母为此老泪纵横，母亲还大病了一场。到了第三年春耕的时候，家里突然收到了一笔汇款，**整整2万元**。这让从没见过这么多钱的父母亲着实吓了一大跳，整天寝食不安，为他担惊受怕。尽管他们嘴上没说，但心里也在猜测，是不是真像村里人说的那样在干什么违法的事情？

没过多久，家里收到了他的来信，信上说他在一家大企业打工，年薪有5万元左右。他的信和汇款在村里炸开了锅，他的父母终于可以在村里扬眉吐气了。他家里率先装上了电话，买了彩电、冰箱等电器。有的人开始羡慕他，也有的人仍在怀疑他。

有了电话以后,他经常给家里打电话,询问村里有多少人外出务工,有多少人赋闲在家。他让父母亲挨家挨户地询问有谁愿意到广州打工,每月工资不少于2000元。如果有人愿意去,他可以介绍工作,不过要一次性收取500元中介费。在当地打工一个月最高工资也不过七八百元,每月不低于2000元的工资让大家都跃跃欲试。

当确定有20多人愿意南下打工后,他立即请假赶了回来,与愿意外出的人签订合同,保证月薪不低于2000元,等他们拿到薪水以后再一次性付他信息费500元。尽管有人说他挣村里人的钱不仗义,但高薪资的诱惑下他们都乐意跟着他南下。

1年后,跟他去广州的那批人都有钱了,1年赚了以往在老家几年都赚不到的钱。当然,他也从中赚了1万多元的中介费。精明的他马上察觉到了这是一个商机——如果把十里八村那些赋闲在家的人全部介绍到南方,收取一定的中介费,不是既能解决两地劳务难题,又能大赚一笔吗?很快,他辞掉了工作,成立了一家中介公司。他在村里的形象彻底改变,成了方圆几十里家长教育孩子的正面典型,他们说得最多的一句话就是——"瞧,人家不上大学照样当老板。"

短短的两年时间内,他就把劳务输出业务从家乡小镇做到了全县范围,输出劳动力1万多人。成功以后,他并未对过去的事情耿耿于怀,慷慨地捐出20多万元更新改造家乡学校,当地政府表彰他为致富明星、经济发展功臣。

人人都该如此,有权拒绝成为别人眼中的样子。做自己,开始的时候会是条险境,世人皆来说三道四,举步维艰,努力到最后,世界终究会承认你。命运只会将屠刀伸向那些茫然胆怯、企图讨好它的人,却愿意对强者网开一面。

让别人泼来的冷水沸腾起来

在你成长的过程中,常有人泼冷水,问题是,别人一泼,你就退缩了吗?如果你认为自己对,就可以坚持到底,走自己的路。

歌德是18世纪中叶到19世纪初德国和欧洲最重要的剧作家、诗人、思想家。但在他年轻的时候,曾经是一个绘画爱好者,他习惯于用绘画的方式表达自己的心灵和思想,并且努力想成为一位非凡的画家。虽然他为自己的梦想而不懈努力着,但却始终不能在绘画上取得什么成就。然而,幸运的是在他习画的同时,也酷爱文学,渐渐地,歌德发现自己更擅长用文字来表现心灵和思想。不知不觉中,他把更多的精力投入到了写作中去。

当时正是欧洲社会大动荡、大变革的年代,封建制度日趋崩溃,革命力量不断高涨。歌德也因此而不断接受到先进思想的熏陶和洗礼,从而加深自己对于社会和人生的认识,创作出了一些诗歌和戏剧的剧本。但歌德的做法遭到了不少绘画界人士的抨击,他们指责歌德是对绘画艺术的"不忠"和"叛离",是一个艺术叛徒。所以,当歌德尝试拿着自己的创作成果寻找出版商时,遭到了一些人的暗中作梗,以至于他的这些创作成果只能被长期搁浅,无法走向读者。

后来,一家私人出版机构总算同意出版了他的一本诗集,可一面世就遭到了不少人的炮轰,甚至有人买了那本诗集后,又邮寄给歌德,封面上却写有这么几行字："这就是一个艺术叛徒所写的所谓的诗歌?简直太荒谬了!"

歌德收到这本诗集后,不但没有生气,反而把它当成一个装饰品挂在书房里最显眼的一面墙上。一位好朋友不解地问他:"你为什么容忍他们这样不断地向你泼冷水?"

"为什么不能容忍?他们在不断地使我成才,难道我要生气吗?"歌德微笑着说。

"泼你冷水是在使你成才?"他的朋友困惑地问。

"当然,假如你往一块干石灰上泼上凉水,它会立刻全身沸腾起来,泼的冷水越多,石灰沸腾得就越强烈,之后它就成为一种建筑材料了!"歌德这样说。

就在这种坦然面对挫折和打击的乐观心态里,歌德的心真的犹如石灰那样"沸腾"起来了——几年时间,他创作出了一大堆诗歌、剧本、小说和哲学作品,其中就包括德国历史上第一部现实主义历史剧《葛兹·冯·伯里欣根》和风行全球的《少年维特之烦恼》,歌德的名字也由此而跃居世界级诗人行列,他最终成为一名无可替代的、璀璨于全球的文学巨匠!

人最不能犯的错误,就是看低自己。当别人的评价让你感到无可奈何时,没关系,只要你知道曾经有一个独特的、与你气质相近的人成功了,那么就不必再为别人的眼光而感到苦恼。对于别人的击打,你可以做出两种反应:要么被击垮,躲在角落里哭泣,朝着他们想看到的样子沉沦下去;要么选择无视,就做最真实、最好的你自己,坚持到底。结果是,前者会泯然众人,而后者往往会脱颖而出。

第二辑　关于现在　活好每一个当下，就算对得起自己

只要志气在，没人可以看不起你

如果你想要很认真地活着，但别人不看重你，这个时候你一定要看重你自己；如果你希望得到更多的关注，但别人不在乎你，这个时候你一定要在乎你自己。你自己看重自己，自己在乎自己，最后，别人才会看重和在乎你。

她出生在一户普通人家，初中毕业以后，曾在医院做过一段时间的护士。随后，一场大病几乎令她丧失了活下去的勇气。然而，大病初愈的她却突然感悟到：绝不能继续在这个毫无生气，甚至无法解决温饱的地方浪费青春。于是，通过自学考试，她取得了英语专科文凭，并通过外企服务公司顺利进入"IBM"，从事办公勤务工作。

其实，这份工作说好听一些叫"办公勤务"，说得直白一些，就是"打杂的"。这是一个处在最底层的卑微角色，端茶倒水、打扫卫生等一切杂务，都是她的工作。一次，她推着满满一车办公用品回到公司，在楼下却被保安以检查外企工作证为由，拦在了门外，像她这种身份的员工，根本就没有证件可言，于是二人就这样在楼下僵持着，面对大楼进出行人异样的眼光，她恨不得找个地缝钻进去。

然而，即使环境如此艰难，她依然坚持着，她暗暗发誓："终有一天我要出人头地，绝不会再让人拦在任何门外！"

自此，她每天利用大量时间为自己充电。1年以后，她争取到了公

司内部培训的机会，由"办公勤务"转为销售代表。不断努力，令她的业绩不断飙升，她从销售员一路攀升，先后成为 IBM 华南分公司总经理、IBM 中国销售渠道总经理、微软大中华区总经理，成了中国职业经理人中的一面旗帜。

她创下了国内职业经理人的几个第一：第一个成为跨国信息产业公司中国区总经理的内地人；第一个也是唯一一个坐上如此高位上的女性；第一个也是唯一一个只有初中文凭和成人高考英语大专文凭的跨国公司中国区总经理。在中国经理人中，她被尊为"打工皇后"。没错，她就是吴士宏。

人生，有无数种开始的可能，同样也有无数种可能的结果，今天的强者，曾几何时未必不是个弱者，由弱到强的转变，靠的就是心中始终憋着的那口真气——那口不愿低人一等、不愿随波逐流的人生志气。而积聚起这口真气的关键就在于，他们自始至终没有低看过自己。

世界上有大多数不能走出生存困境的人，都是由于对自己信心不足，他们就像一棵脆弱的小草一样，毫无信心去经历风雨。如果你不想被别人看低，就给他们高看你的理由，一个人无论生存的环境多么艰难，有一颗自强自信的心是最重要的。

没人疼的时候，就自己拯救自己

也许你很羡慕别人被众星捧月一般，然而，并不是每个人都可以享受这样的待遇，有时我们真的就那样，孤零零，没有人疼。

第二辑 关于现在 活好每一个当下，就算对得起自己

既然没有人疼，就不要再对别人说自己有多惨，不要翻开自己的痛苦给别人看，因为，有些人可能会给你再撒上一把盐。没人疼的时候，就自己疼自己。那些伤，一个人完全可以包扎；那些痛，一个人完全可以释放；就算有恨，也可以隐在岁月里淡忘。如果有泪水，就流在自己心里，而不要挂在脸上来交换别人的怜悯。在没人疼的日子里，你更应该拯救自己。

紫霄未满月就被奶奶抱回家。奶奶含辛茹苦把她养到小学毕业，狠心的父母才从外地返家。父母重男轻女，对女儿非常刻薄。她生病时，父母反而会为难她，13岁的她没有哭，在她幼小的心灵里，萌生了强烈的愿望——她一定要活下去，并且还要活出个人样来！

被母亲赶出家门，好心的奶奶用两条万字糕和一把眼泪，把她送到一片净土——尼姑庵。紫霄悲伤地送别奶奶后，心里波翻浪涌，难道我的生命就只能耗在这没有生气的尼姑庵吗？在尼姑庵，法名"静月"的紫霄得了胃病，但她从不叫痛，甚至在她不愿去化缘而被老尼姑惩罚时，她也不皱眉不哭泣。但是叛逆的个性正在潜滋暗长。在一个淅淅沥沥的清晨，她揣上奶奶用鸡蛋换来的干粮和卖棺材得来的路费，踏上了西去的列车。几天后，她到了新疆，见到了久违的表哥和姑妈。在新疆，她重返课堂，度过了幸福的半年时光。在姑妈的建议下，她回安徽老家办理户口迁移手续。回到老家，她发现再也回不了新疆了，父母要她顶替父亲去厂里上班。

她拿起了电焊枪，那年她才15岁。她没有向命运低头，因为她的心中还有梦。紫霄业余苦读，通过了《写作》《现代汉语》和《文学概论》自学考试。第二年参加高考，她考取了安徽省中医学院。然而她知道因为家庭的原因无法实现自己的梦想，大学经常成为她梦里的主题。

1988年底,紫霄的第一篇习作被《巢湖报》采用,她看到了生命的一线曙光,她要用缪斯的笔来拯救自己。多少个不眠之夜,她用稚拙的笔饱蘸浓情,抒写自己的苦难与不幸,倾诉自己的顽强与奋争。多篇作品飞了出去,耕耘换来了收获,那些心血凝聚的稿件多数被采用,还获得了各种奖项。1989年,她抱着自己的作品叩开了安徽省作协的大门,成了其中的一员。

文学是神圣的,写作是清贫的。紫霄毅然放弃了从父亲手里接过的"铁饭碗",开始了艰难的求学生涯。因为她知道,仅凭自己现在的底子,远远不能成大器。她到了北京,在鲁迅文学院进修。为生计所迫,生性腼腆的她当起了报童。骄阳似火,地面晒得冒烟,紫霄挥汗如雨,怯生生地叫卖。天有不测风云,在一次过街时,疾驰而过的自行车把她撞倒了。看着肿起的像馒头一样大的脚踝,紫霄的第一个反应是这报卖不成了。用几天卖报赚来的微薄的钱补足了欠交的学费,只休息了几天,又一次开始了半工半读的生活。命运之神垂怜她,让她结识了莫言、肖亦农、刘震云、宏甲等知名作家,有幸亲聆教诲,她感到莫大的满足。

为了节省开支,紫霄住在招待所的一间堆放杂物的仓库里。晚上大部分时间,这里就成了她的"工作室",她的灯常常亮到黎明。礼拜天,她包揽了招待所上百床被褥的浆洗活,胳膊搓肿了,腿站肿了,溅在身上的水冻成了冰碴……她全然不顾。有一次她累昏在水池旁,幸遇两位房客把她背回去,灌了两碗姜汤,她苏醒过后一会儿,便接着去洗。她的脸上和手上有了和她年龄不相称的粗糙和裂口。

终于苦尽甘来,随文怀沙先生攻读古文、从军、写作、采访、成名,这一切似乎顺理成章,然而这一切又不平凡。她是一个坚强的女子,是一个不向困难俯首称臣的不屈的奇女子。她把困难视作生命的必修课，而她得了满分。

紫霄的成长历程艰辛而又执着，一次次的人生磨难反而让她越走越坚强。

老天始终是公平的，给了你艰辛就会给你幸福，而且，你付出得越多得到的也就越多。所以，请你相信，如果老天让你背上十字架，那是因为知道你能行，只要你愿意拯救自己，身上的那个十字架总有一天会用金光笼罩你。

你的尊严，永远不可以被毁灭

也许此时的你只是一株稚嫩的幼苗，然而只要坚韧不拔，彼时终会成为参天大树；

也许此时的你只是一条涓涓小溪，然而只要锲而不舍，彼时终会拥抱大海；

也许此时的你只是一只雏鹰，然而只要心存高远，彼时终会翱翔蓝天……

你得明白，那些真正有品位的人不会因为你此时的羸弱看不起你，除非你放弃了强大的权利，给了他们不得不轻视你的理由。

当他还是个少年时，他有些自卑，他长得又瘦又小，其貌不扬，而且他的家庭让很多同学看不起，他父亲是卖水果的，母亲是学校边上的"餐车娘"。而他的同学，那些孩子大部分都是富家子弟，他是一个例外，他的父亲没有受过教育，深知没有知识的痛苦，于是狠下心花了大部分积蓄将他送入这个贵族学校。

　　从第一天踏入这个学校开始，他就受到了歧视，他穿的衣服是最不好的，别的孩子全穿名牌，一个书包，一个铅笔盒甚至都要几百块，有人笑话他的破书包，他曾经哭过，可他没告诉父母，因为怕父母伤心难过，因为这个书包还是妈妈狠下心给他买的。

　　对他最好的就是李老师了，李老师总是鼓励他，总是笑眯眯地看着他，李老师长得又端庄又漂亮，好多孩子都喜欢她。

　　那一年圣诞节，除了他，所有孩子都给老师买了平安果，都是在那个最大的超市买的。但他买不起，一个平安果便宜的要十块，贵的要几十块，他没有钱，他也不想和父母要钱，于是他煮了家里的一个鸡蛋送给了李老师。

　　当他把这个鸡蛋拿出来时，所有人都笑了，他心里五味陈杂，他更怕老师也会笑话他。

　　但想不到李老师非但没有笑话他，而且当着全班同学的面说："同学们，这是我收到的最好的礼物，这说明这个同学很有创意，其实不必给老师买什么平安果，有这份心意老师就很感动了。"

　　接下来，李老师还给他们讲了一个故事：

　　从前，一个小女孩，她的家很穷，她是个穷孩子，有一天，母亲带着她去给校长送礼，为的是让孩子转到这个中心小学来，母亲把家里的唯一的一只老母鸡送给了校长，但当她们说明来意时，那校长却说："谁要这东西？我们早吃腻了老母鸡。"

　　那句话深深刺伤了小女孩和她的母亲。她没有去中心小学，小女孩还在她们村子里上学，但她明白了自己应该发愤努力，年年考第一，最后，她以全乡第一的成绩考上了县重点中学，后来，她又考上北京师范大学，现在在一所高级中学里教书。

孩子们听完都很感动，李老师说："那个女孩子就是我。"

他听完，眼里已经有了眼泪，他总以为自己是穷人家的孩子，谁都会歧视，根本没有尊严可言，但老师的言传身教给了他极大的鼓励。从这以后他认定：每个人都是有尊严的，无论贫穷还是富有。所以，他发愤努力，而如今，他已经在国内一所知名学府任教。

一个人就算被毁灭，也不应该被打败。也许并非每个人都能成为人生的赢家，但是面对人生中的失意，你无论如何也要从容地、保持尊严地活下去，即使默默无闻也好，就算平平凡凡也罢，重要的是，你只要还活着，再怎么一无所有，也别把做人的尊严和风度一并输掉。当你感到无助和绝望的时候，其实你还有选择的机会。

第四章　别让舒适的床铺，成为青春的枷锁

青春是生命中最好的时段，也正是这个时段，人与人之间的距离被拉开了。在青春里，如果你贪图舒适，从此之后就有可能不温不火碌碌无为地过一辈子，而如果你竭尽全力了，不仅可以留下青春拼搏的美好回忆，还可能为之后的人生积累足够的能量，从而走向成功。

青春，不是用来辜负的

生命的光彩需要绽放，人生的价值需要创造，青春的梦想是需要奋斗的。

现在，我们年轻，这就是生命最大的资本，因为这个资本，我们可以全力去挑战，全力去奋斗，全力去追逐自己的梦想。但是，又有多少人忽略了这个资本，辜负了生命赐予我们的最宝贵的青春？

现在的你：

是不是整天无所事事，一觉睡到大中午？

是不是，遇到麻烦就躲着走，只要不开心就说做事没感觉，有一点点累就嚷嚷着要休息？

第二辑　关于现在　活好每一个当下，就算对得起自己

别人学习的时候，你却在网络中闲逛，而当你不得不学习的时候，又开始抱怨时间不够，抱怨竞争的压力太大。

当别人抱着满满的热情为梦想奋斗时，你却在抱怨就业难。要说就业难，或许只是你的就业问题难，如果你真的出类拔萃，就业又怎么会难？是你，浪费了大好的青春，你把比奢侈品还贵的青春践踏得就像尘埃，到头来却又抱怨青春没有回馈给你丰厚的收成。你没有付出，又凭什么要求得到一份好工作？如果你能把青春当作泥土，开始播种、耕耘、浇灌，即使将来没有大丰收，但也肯定会有一份不错的收成。把握好青春，意味着充实的人生就在不远处等着你。青春一旦被辜负，生命将失去活力、激情。青春，应该是用来奋斗的，在生命的道路上，年轻人要输就输给追求，要嫁就嫁给幸福！而不是将青春白白浪费。

追求，是鸟儿飞翔的翅膀，不展开翅膀，你永远不可能知道自己究竟能飞多远。一个人能把生命经营成什么样子，很大程度上取决于年轻时的追求。有了追求，思想就更辽阔，无论最终能否实现，它始终是一种激励。从这种意义上讲，追求是实现青春意义的最好方式。

"一个人的气质是来自于经历风雨后的每一条皱纹，以及皱纹背后隐藏着的各种故事。这就是气质。"俞敏洪这样寄语年轻人，他对青春的解读我们真应该好好看一看、品一品：

"什么时候该培养气质？对于年轻人来说，从现在开始，一直到30岁。孔子说三十而立，但是李彦宏30岁时还是一个穷光蛋，马云30岁时也还是一个穷光蛋。是不是穷光蛋其实并不重要，重要的是培养你的气质，气质包含你的志向、梦想等。我们外在的青春总有逝去的时候，而内心的青春其实才是气质的重要组成部分。

"如今徐小平、王强和我都已经过了50岁了，我们不可能像你们

年轻人那样活蹦乱跳，那我们的青春体现在什么地方？体现在我们内心对青春的欣赏和追求，青春跟年龄没有关系。我们还不算老年人，我们每天都想着怎么创新，怎么跟上时代，怎么跟上移动互联网的发展，怎么去投资最有活力、最有创意的年轻人的公司，跟他们一起成长，然后继续给我们带来财富和希望。我们用挣到的钱继续为世界的进步做贡献。

"在这种情况下，我们怎么可能老去？我们有一个共同的特点是我们永远有理想和激情，而这些东西恰恰是我们这些人到今天还能保持奋斗热情的最重要的源泉。所以，对于我们来说，即使在最艰苦的时候，也能坚持自己的理想和激情。你30岁以前有外在的青春，30岁以后则要靠内心的青春和气质。30岁以后我们所有的青春、梦想、激情都集中体现在我们对事业、生活、未来以及对社会贡献的追求上。

"此外，你今天做的事情跟未来想要的事情立刻挂钩是不可能的，具备这种挂钩能力的人有，但并不多。虽然追逐梦想的过程不一样，但结局是一样的，只要坚持到最后，离成功就不远了。梦想就是你心中的东西，是即使心中迷茫却依然坚守的东西。我在北大那几年的迷茫其实为我奠定了后来创业的所有基础。

"所以，不要说等我有一个清晰的梦想才开始去做。你需要的是每一天都知道自己的生命还会前行，知道未来你需要一个展示自己的机会，而这个机会就是你今天一块一块搬过来的砖，最后才能砌成一栋大楼。对于创业来说，人生一辈子一定要有一次创业的机会，可以是几个朋友一起创业，也可以独自创业。我们要容忍这个世界上的各种局限，甚至有的时候必须屈服于某种既定的规则、习惯和习俗。但是，我们的容忍不能变成只知道戳断自己的脊梁骨，只知道自己一辈子在地上爬，而不知道人是可以站起来行走的动物。你是人，人要有站起来的一天。什么叫站起来？冲破所有你不愿意冲破的障碍，放弃所有你不愿意丢弃的一切，重新开始新的人生，而这个开端最重要的是执着于心中的梦想，而最典型的开始是打破你内心的懦弱、自卑和自己给自己设定的障碍。

"新东方上市以后，王强、徐小平再次出走，因为要留一个人在家里看着，我就是那个留下来守着新东方的人。如果哪一天我要把新东方做倒了，他们俩在外面也没有自信调侃的基础了。所以，我必须要保持新东方健康成长，保证新东方的发展，为他们提供能够骄傲地讲述新东方未来的美好故事。徐小平和王强走出新东方的日常管理，用了不到5年的时间打开了中国天使投资的另外一扇窗，不光实现了自己的梦想，而且也让无数的年轻人冲破了自己心目中那么一点点的障碍，最后充满活力地奔向未来。我们能做到，你为什么不行？"

其实只要有心，谁的青春都可以不被辜负，他们可以，我们一样也行。值得思考的是，在这里，俞敏洪对青春下了一个新的定义：不是十几岁二十几岁才叫青春，倘若心未老，心未死，那就是青春。青春不是年龄，是想要更美好的心。

那么，现在不管你多少岁，不要再偷懒，也不要再抱怨时间年龄问题，你若真的不想辜负生命，就不要自作聪明找借口耽误自己。

今天，已经是你剩下的生命中最年轻的一天了，赶紧规划你的人生吧！无论你想要怎样的生活，无论是宁静平淡还是辉煌灿烂，起码不能无所事事任时光虚度吧？生命只有一次，在相差无几的时间里，比别人体验更多你就拥有更多。趁着时间与身体还允许你奋斗，请珍惜自己上场的机会，未知的鲜活若是吸引你，那就去奋斗。

生活，不是用来混的

　　生活中有很多人不是在过日子，而是在混日子，对他们来说，生活就是柴米油盐酱醋茶，就是今天有钱今天花，明天没钱想办法。他们的生命里没有激情，没有神经，没有痛感，没有效率，没有反应。完全就是"当一天和尚撞一天钟"的心态，因而不接受任何新生事物和意见，对批评或表扬无所谓，没有耻辱感，也没有荣誉感。不论别人怎样拉扯，都可以逆来顺受，虽然活着，但活得没有一点活力。如果没有外力的挤压，他们就会懒懒地堆在那里，丝毫不肯活动自己，一定要有人用力地拉着、扯着、管着、监督着，才能表现出那么一点张力，而一旦刺激消失，瞬间便又恢复了原样。他们往往都是活在自己的世界里，绝缘、防水，不过电，浮不起，麻木冷漠故没有快乐，耗尽心力却不见成绩，人生，不但疲惫，更显悲催。

　　在职场上，这种混日子的心理尤为普遍，在一些人看来，工作就是养家糊口的一个保障而已，电脑一开一关，一天就过去了，别管做没做出什么业绩，反正工资是挣到了。然而事实上，"混日子"可不是每一个人都能够享受的待遇。换言之，如果你拥有绝对的资本和地位，那么你可以拿着工资混日子。但如果你只是一个普通的打工者，混日子的心理迟早会让你丢掉饭碗。道理再简单不过，公司可不是收容所，老板亦不是什么慈善家，不可能拿钱去养闲人。

孙红岩大学毕业以后进入一家国企做文职工作。最初的那段时间，他真是拼劲十足，任劳任怨，不论是写发言稿、做总结、上报材料还是跑腿打杂，甚至是给领导安排饭店、随行出差，他都做得尽心尽力。

孙红岩自己都记不清有多少次，为了赶发言稿或者报告，大家都下班了，他还在办公室加班加点，困了就只在办公室的沙发上眯一会儿。这样热情饱满地工作一年之后，孙红岩开始懈怠了，原因是他的努力并没有为自己博来一官半职。从这以后，孙红岩每天机械地上班下班，没有梦想，也没有追求，彻彻底底地开始混日子了。在他看来，反正无论自己多么努力，领导都不以为是，那么，累死累活也是活，混一天也是活，工资又不会少，何苦让自己那么辛苦呢？

的确，孙红岩的工作变得越来越轻松了。然而仅仅又过了一年，公司精简机制，没有任何背景又整天混日子的孙红岩第一个被请走了。

很多人都像孙红岩一样，寒窗苦读十余载，各方面的能力也都不错。但是，就因为短时间内没有得到别人的认可，丧失了热情，没了干劲，人也懒下去了。他们开始混日子，却一不小心被日子给混了。

其实人的生命是这样的——你将它闲置，它就会越发懒散，巴不得永远安息才好；你使劲利用它，它就不会消极怠工，即使你将它调动至极限，它亦不会拒绝；尤其是在你将人生目标放在它面前时，不必你去提醒，它便会极力地去表现自己。所以，如果你还想活得有活力、活得滋润一些，那么无论如何请记住，永远不要混日子，永远别让心中的美梦间断，要将自己的生命力激发到极限，而不是刚刚成年，便已饱经沧桑。

生命，不是靠别人供养的

一只住在山上的鸟与住在山下的鸟在山脚下相遇。山上的鸟说："我的窝刚搭好，参观参观吧。"山下的鸟便跟着去了，到那儿一看——什么鸟窝？不就是光秃秃的石缝里放着几根干草吗？

"看我的去。"山下的鸟带着山上的鸟来到一家富人的花园。

"看，那就是我的窝。"山上的鸟仰头望去，果然看到一只精致的木制鸟窝悬挂在紫荆树梢，那窝左右有窗，门面南而开，里面铺着厚厚的棉絮。

山下的鸟自豪地说："像我们这种鸟，有漂亮的羽毛，叫声又不赖。找个靠山是非常容易的。假如你愿意，以后我给你说说，搬这儿来住。"

山上的鸟没有回答，展翅飞走了，再没有回来。

不久后的一天，山上的鸟正在石缝窝里睡觉，听到门口有叫声，伸头一看，山下的鸟正狼狈地站在那儿。它身上的羽毛已不平整，哭丧着脸对山上的鸟说："主人死了。他的儿子重建花园，把我的窝给拆了。"

依赖是对生命的束缚，是一种寄生状态。习惯于依赖的人，如果突然失去赖以为生的依靠，他的生命力将趋向于零。山下那只鸟依附在富翁家中，虽有一时的光鲜，却终敌不过石缝中的几根干草。

第二辑 关于现在 活好每一个当下,就算对得起自己

"坐在舒适软垫上的人容易睡去。"依靠他人,总觉得会有人为我们做任何事,所以不必努力,这种想法对发挥自助自立和艰苦奋斗精神是致命的障碍!

大卫·洛克菲勒是洛克菲勒家族第三代中最小的一个,也是最出色的一个。他的事业不在石油上,而在大名鼎鼎、位列世界十大银行第6位的曼哈顿银行上。他任该银行执行委员会主席兼总经理以后,该银行从资金20亿美元上升到资产净值34亿美元。

大卫出生于纽约市,当时洛克菲勒家族虽然已经拥有亿万财产,可孩子们每周只能得到3角的零用钱,同时每人还必须准备一个小账本,按父亲的要求将3角钱的使用去向登记在上面,经检查后,如果使用合理,还能得到奖励。孩子们得到的零用钱随着年龄的增长而增长:12岁时,每周能得到1美元,15岁时,每周能得到2美元左右。

大卫在长大以后,已经拥有多个账本。大卫的父亲为了让孩子们从小就懂得金钱的价值,故意将其处于经济压力之下。零用钱很有限,如果想多用怎么办?方法只有一个,自己去挣。大卫小的时候就知道从家庭杂务中挣钱:捉住阁楼上的老鼠,每只可挣5分钱,而劈柴火、拔杂草等杂活,则按照时间来计算工钱。大卫有一招更绝,他设法取得了为全家擦皮鞋的特许权。然而,他必须在清晨6点以前起床,以便在全家人起床前完成工作,擦一双皮鞋5分钱,一双长筒靴1角钱。大卫在童年时代没有享受过任何超级富豪的生活,他穿着和雇工一样的普通衣服,生活既简单朴素又紧张而快乐。他有一位大学时的同学,是位大手大脚花钱的富家子弟,甚至可以在开口索要之前就能获得他想要的东西。可大卫说:"他是我认识的最不幸的人,他结了3次婚,换了数次工作,永远也不会发挥自己的能力。"

若因依赖性而束缚生命的自由,这样的生命缺乏灵性。

依赖是毁灭心智的恶习，过分的依赖可以让你懒惰而消极，最终没有目标和斗志。依赖对于生命力而言更是一种束缚，处处借助他人的力量去追求成功，就好比建在沙滩上的大厦，没有坚实的基础，一阵海浪过来，就会毁于一旦。

懒惰者，总与机会差一步

懒惰者，是思想的巨人，行动的矮子。懒惰是一种浪费，浪费的是比任何东西都宝贵的机会。

成功决不喜欢懒汉，要在事业上取得成功，就要不懈地努力，只要你对工作持有巨大的热忱，并付出相应的努力，相信会有丰厚的回报。

美国人休斯·查姆斯在担任"国家收银机公司"销售经理期间，曾面临了一种最为尴尬的情况，该公司的财政发生了困难，很可能因此使他及手下的数千名销售员一起被"炒鱿鱼"。

这件事被在外头负责推销的销售人员知道了，并因此失去了工作热忱，开始偷懒。销售量开始下跌，到后来，情况极为严重，销售部门不得不召集全体销售员开一次大会，在全美各地的销售员都参加这次会议。

查姆斯先生主持了这次会议。

首先，他请手下最佳的几位销售员站起来，要他们说明销售量为

第二辑　关于现在　活好每一个当下，就算对得起自己

何会下跌。每个人都有一段最令人震惊的悲惨故事要向大家倾诉：商业不景气、资金缺少、人们都希望等到总统大选揭晓之后再买东西等。当第五个销售员开始列举使他无法达到平常销售配额的种种困难情况时，查姆斯先生突然跳到一张桌子上，高举双手，要求大家肃静，然后，他说道："停止，大会暂停10分钟，让我把我的皮鞋擦亮。"

然后，他命令坐在附近的一名黑人小工友把他的擦鞋工具箱拿来，并要这名工友替他把鞋擦亮，而他就站在桌上不动。

在场的销售员都吓呆了。他们有些人以为查姆斯先生突然发疯了。他们之中开始有人窃窃私语。在这同时，那位黑人小工友先擦亮他的一只鞋子，然后又擦另一只鞋子，他不慌不忙地擦着，表现出第一流的擦鞋技巧。

皮鞋擦完之后，查姆斯先生给了那位小工友10美分，然后开始发表他的演说。

"我希望你们每个人，"他说，"好好看看这个黑人小工友。他拥有在我们整个工厂及办公室内擦皮鞋的特权。他的前任是位白人小男孩，年纪比他大得多，尽管公司每周补贴他5美元的薪水，而且工厂里有数千名员工，但他仍然无法从这个公司赚取足以维持他生活的费用。

"这位黑人小男孩不仅可以赚到相当不错的收入，不需要公司补贴薪水，每周还可存下一点钱来，尽管他和他前任的工作环境完全相同，也在同一家工厂内，工作的对象也完全相同。

"我现在问你们一个问题，那个白人小男孩拉不到更多的生意，是谁的错？是他的错，还是他的顾客的错？"

那些销售员不约而同大声回答说：

"当然了，是那个小男孩的错。"

"正是如此。"查姆斯回答说，"现在我要告诉你们，你们现在推销

收银机和一年前的情况完全相同：同样的地区、同样的对象，以及同样的商业条件。但是，你们的销售成绩却比不上一年前。这是谁的错？是你们的错误，还是顾客的？"

同样又传来如雷般的回答：

"当然，是我们的错。"

"我很高兴，你们能坦率承认你们的错误。"查姆斯继续说，"我现在要告诉你们，你们的错误在于，你们听到了有关本公司财务发生困难的谣言，这影响了你们的工作热忱，因此，你们就不像以前那般努力了。只要你们回到自己的销售地区，并保证在以后30天内，每人卖出5台收银机，那么，本公司就不会再发生什么财务危机了，以后再卖出的，都是净赚的。你们愿意这样做吗？"

大家都说愿意，后来也果然办到了。

偷懒只会使人失去本该属于自己的机会。

只要有了目标，有了努力的热忱，就可以驱散心中的懒惰，从而激发出竞争的热情，使自己对机会抓得更紧，相应地，也会比原来取得更快更好的成绩。

一时的荣耀，照不亮一生

获得荣耀的确是人生的大喜事，但我们不能在这份荣耀里忘乎所以，更不能将此作为骄傲的资本，用来炫耀和显摆，以此来满足自己的虚荣心。

秋天来了,树上的叶子一天比一天稀少,天气也逐渐凉下来。一只蝙蝠在飞来飞去,它哭着说冷。鸟中之王——鹰看见了它。

"你为什么哭啊,蝙蝠?"老鹰问道。

"因为我冷。"

"为什么别的鸟不哭呢?"

"它们不冷,因为它们都有羽毛。可是我连一根羽毛也没有。"

老鹰考虑了一下,觉得蝙蝠一片羽毛也没有,确实可怜,于是就让所有的鸟各给蝙蝠一片羽毛。蝙蝠有了各种鸟儿的羽毛后,显得漂亮极了,每片羽毛颜色都不一样。蝙蝠把翅膀张开时,真叫人眼花缭乱。

蝙蝠因为有了这五彩缤纷的羽毛而骄傲起来,每天都欣赏自己的羽毛,不理睬别的鸟儿。它老是自我陶醉着:瞧我有多漂亮!

鸟儿都飞到它们的国王老鹰那里去,愤愤不平,向它告状说蝙蝠因为有别人给它的羽毛而自夸,跟别的鸟儿连话都不愿意说。国王老鹰把蝙蝠叫了过来。

"所有的鸟都在告你的状,蝙蝠!"老鹰对它说,"听说你拿它们的羽毛来自夸,骄傲得连话都不愿同它们说了,是真的吗?"

蝙蝠说:"它们是出于妒忌才说的,因为我比所有的鸟都漂亮得多。你瞧一瞧,自己判断吧!"蝙蝠张开两扇翅膀,也的的确确很美丽。

"那么好吧!"老鹰说,"如今让每只鸟把原来给你的那片羽毛收回去,既然你这么漂亮,就用不着要别人的羽毛了。"

所有的鸟都扑向蝙蝠,把自己的那片羽毛取了回来。蝙蝠又跟原来一样光秃秃的了。它感到羞耻。从这个时候起,它老是害羞,总是夜间才飞出来，免得被别的鸟看见它。

没有自知之明的人，一味地炫耀自己侥幸得到的荣耀，只能得到失败的苦果。对于一些虚无缥缈的东西，哪怕是真正自己获得的荣誉，也最好放在内心自己欣赏，而绝不可当众夸耀自己。那些荣誉都是别人给你的，别人既然能给你，也就能够收回。所以，不要在别人给的荣耀前乐不自知，这不仅是一种缺乏修养的表现，更是对他人不尊重的表现。

人生要攀登无数个高峰，获得一种荣耀就意味着我们胜利攀登上了一个高峰。但我们不能醉心于赞扬和掌声，沾沾自喜，忘乎所以，以致不能自拔，而是应该把理性的目光投向下一个高峰，去迎接新的挑战！

学习的苦根上终会长出甜果

人的一生短暂，但学习却是一个漫长的过程。许多人都在追逐一些华而不实的东西，却忽视了学习，以致到头来才发觉，自己的一生其实都处于浑浑噩噩的状态中，并未取得任何实质性的成就。

诚然，学习本来就是件很寂寞、很辛苦的事情，但不能成为自己偷懒的借口。人不学则不进，何况竞争又是那样残酷，如果我们现在不努力学习，毫无疑问会被那些努力的人比下去，求职、求婚，到处碰壁。

此前，曾有两张美国哈佛大学在校生学习的照片在网上引起一片感叹——学习时的苦痛是暂时的，未学到的痛苦是终生的。

照片显示：凌晨4点，哈佛大学图书馆依然灯火通明，这里座无虚席……图片配文这样写道：哈佛是一种象征。

央视《世界著名大学》制片人谢娟曾带摄制组前往哈佛大学进行采访。事后，她感慨道：

"我们到哈佛大学的时候，已经是凌晨两点了，可整个校园依然灯火通明，当时我们都很惊讶，那简直是一个不夜城。餐厅里、图书馆里、教室里仍有很多学生在看书，我们一下子就被那种强烈的学习气氛感染了。在哈佛，学生的学习是没有时间限定的，不分白天和黑夜。那时我才知道，在美国，在哈佛这样的名校，学生的压力是很大的。在哈佛，我们见到最多的就是学生一边啃着面包一边忘我地在看书。在哈佛采访，感受最深的是，哈佛学生学得太苦了，但是他们明显也是乐在其中。是什么让哈佛的学生能以苦为乐呢？我的体会是，他们对所学领域的强烈兴趣。还有就是哈佛学生心中燃烧的要在未来承担重要责任的使命感。从这些学生身上，你能感到他们生命的能量在这里被激发了出来。"

事实上，在哈佛，"征服学习"是每个人给自己设定的、必须完成的任务。哈佛的学生说，哈佛学习强度大，睡眠少，有在炼狱的感觉，对意志是一个很大的挑战。但是，如果挺过去，以后再大的困难也就能够克服了。

哈佛老师经常给学生这样的告诫："如果你想在进入社会后，在任何时候任何场合下都能得心应手并且得到应有的评价，那么你在哈佛的学习期间，就没有晒太阳的时间。"

或许正是基于这份刻苦和努力，哈佛学子取得了令人眼花缭乱的成绩,他们中有33位诺贝尔奖获得者、7位美国总统以及各行各业的职业精英。

人生下来是一样的,都具备一样的大脑、一样的思维,在生命之初都没有表现出异于常人的特点。而之后有些人之所以能够取得令人眼红的成绩,是因为他们明白:"勤"字成大事,"惰"字误人生。有了这种意识,他们也就有了成为天才的一种精神,再加上格外勤奋学习,一个智慧的大脑,天才就在这大千世界里找到了最适合自己的位置。

谁都希望自己能在这个社会上充当重要的角色,但绝大多数人只是在做配角。聪明人,即使在当配角的时候,也会不断地学习和充电,因为只有学习和充电才能让人立于不败之地。一个人事业的边界在内心,要想保证事业的边界不断增长,就必须扩大心灵的边界,学习,是唯一的途径!今天谁把学习当第一,将来谁就有能力争第一。

不想被淘汰,就把斧头磨快

在就业问题日益严峻的今天,日常的生活和工作需要人们不断更新自己,学习就是在适应社会发展,也是我们在社会中发展的必要条件。

"人不光是靠他生来拥有的一切,而是靠他从学习中所得到的一切来造就自己。"现在,我们大多数人都拥有一份足以养家糊口的工作,但这远远不够！工作的意义不止于此。如何在工作中体现自己的价值？如何利用自己的价值创造社会价值？这是每一个成功者都曾考虑过的问题，他们最终找到了答案，那就是以一颗充满热情的心去工作、去学习，永不懈怠。

师旷劝学是古话，我们未能身临其境，但这种学风，实实在在地发生在我们身边，不但可以目睹，而且还可以感受到这种精神对于心灵的震撼。

"我一生都在教育界和学术界里'混'，"季羡林先生如是说，"这是通俗的说法。用文雅而又不免过于现实的说法，则是'谋生'。这也并不是一条平坦的阳关大道，有'山重水复疑无路'，也有'柳暗花明又一村'。回忆过去60年的学术生涯，不能说没有一点经验和教训。迷惑与信心并举，勤奋与机遇同存。把这些东西写了出来，对有志于学的青年们，估计不会没有用处的。这就是'一拍即合'的根本原因。"

季羡林先生的治学禀赋超乎寻常，他的学识不但广而且深，可谓边活边学，不知疲倦。以他研究过的《浮屠与佛》为例，从1947年用汉、英两种文字发表此文，其中有些问题由于当时条件有限感觉不太满意。直到1989年，历时40余年，不断搜集资料，又写一篇《再谈"浮屠与佛"》，解决了那些问题。

每一位学者即使自己的才识再如何了得，也都说自己是无知的孩童，当然，他们这样的说法是对的。学习是认识的一种，认识具有无限性和反复性，依此而言，学习应当是一个永无止境的过程。换言之，学习的概念应该是"没有最好，只有更好"。这种理念追求的是一种超越，是否定无知的自己而进入更高层次的人生境界。

《成功学》中有这样一个故事：

年轻樵夫上山砍柴，不久，又来了一位老樵夫。傍晚时分年轻樵夫发现，老樵夫虽然来得晚，但砍的柴却比他多，于是暗下决心，明天要更早到山上砍柴。

第二天，年轻樵夫很早就到了林子中，心想："今天我砍的柴一定比他多。"没想到，他又输给了晚来的老樵夫。

第三天，年轻樵夫决定，不但要比老樵夫早到，还要比他晚归。然而，在年纪与时间都占绝对优势的情况下，他仍旧比不上老樵夫的效率。第四天、第五天，依旧如此。

到了第六天，满腹疑问的年轻樵夫终于忍不住了，他向老樵夫请教："为什么我比你早到、晚归，又比你年轻有力气，可砍的柴却比你少？"

老樵夫的话非常有哲理，他说："我每天下山以后，第一件事就是磨斧头。可是你下山以后，就只知道休息。事实上，斧头已经被你砍钝了，所以，虽然我比你老、比你晚到、比你早回，但我的斧头却比你的锋利，我只砍五刀树就倒了，你却要砍十几刀。"

类似的场景在生活中极为常见，譬如我们在这里强调学习，有的人就会抱怨："又要工作又要照顾生活，哪有时间学习？"这个时候，建议大家想想"两个砍柴人"的故事。假如我们一直在砍树，却忘了把斧头磨利，那么总有一天会落于人后的。

第五章　规划好现在，未来才不会杂乱无章

有人说，人生就像下棋，一步失误，全盘皆输，这是令人悲哀的事情。但事实上，人生还不如下棋，因为下棋可以重来，而人生不能悔棋。所以，人生的每一步，我们必须精心设计，只有精心设计的旅行才会惬意，也只有科学规划的人生才会更精彩。

人生路，不能走一步看一步

只看眼前的快乐，却忽视了一生的幸福，只看现在不考虑以后，正是我们考虑问题时的坏习惯之一。这个坏习惯给我们带来的危害是巨大的，很多人因此而一生无所作为，甚至陷入窘迫的境地，因此，我们一定要努力在思想上纠正这一点，别让它毁了我们的一生。

有这样一个有趣的故事：甲、乙、丙三人在同一天被关进了监狱，刑期都是3年。有一天，监狱长对他们说："你们现在每个人可以向我提一个要求，只要合法，我一定满足。"

甲说："我要够我3年抽的烟草。"

乙说："我要一个美丽的女人。"

丙说："我要一部联网的电脑。"

3年过去了。

甲从监狱中冲了出来，满脸烟末，狂吼着要打火机。

乙和一个女人从监狱里出来，他抱着一个孩子，那个女人领着一个孩子，女人的肚子里还怀着一个孩子，两人都一脸愁容——3个孩子，怎么养活？

只有丙出来时满面春风，他握着监狱长的手说道："谢谢你了，多亏了这部电脑，3年中我的生意不但没有中断，还扩大了两倍，为了表示谢意，我送你一辆奔驰。"

上面故事中的丙，在考虑问题时，富于预见性，最终获得了成功。而甲和乙，走一步看一步，只考虑眼前的快活，不为以后打算，结果虚度了3年时光，并给以后的生活留下了负担。这就是不同的视角带来的不同结果，如果你考虑得不够长远，那就得承受短视带来的苦果。

考虑问题只看眼前的另一个后果，就是会使你陷入被动。

李某想开一家饭店，可是手里却没有本钱，妻子的意见是李某最好先去别人的饭店打工，一边挣些钱，一边学点经验，总不能全靠借贷开店啊！但李某却不同意："船到桥头自然直，还是借钱先把店开起来再说，还钱啊什么的以后再考虑！"就这样李某从朋友和亲戚手里借了八九万，饭店就开张了。一段时间后，一个朋友家里出了事，就来找李某要当初借他的3万元钱。李某这下子可着了急，向银行贷款是不用想了，唯一的办法就是托人借"高息贷款"，妻子劝他多想想，他却说："先借来还给朋友，这3万块钱慢慢再还吧！"饭店开张两个月了，可客人却稀稀落落，挣来的钱勉强够维持日常支出。这样下去可不是办法，李某又有了一个新想法：允许赊账，他认为这样做一定会招来顾客。朋友们纷纷劝他一定要慎重，因为赊欠就像一个雪球，总是越滚越大，它可能会解决眼前客人少的问题，但时间长了，它也会给经营带来困难。然而李某依然没有听从大家的劝告，允许赊欠后，店里的生意果然火了起来，街坊邻居都来凑热闹，可是好景不长，两个月后李某就支撑不住了，店里连买菜的钱都不够，他开始收账，但那些常客再也不登门了。就这样，开店4个月后，李某低价把饭店转让了出去，他没挣到一分钱，却欠了很多债，惹了不少麻烦，现在夫妻俩还得每天出去讨账呢！

  李某的失败就是由于对问题的考虑不够长远造成的，我们看到他在解决问题时，总是只顾眼前需要，而不看后果如何，他借贷开店，不考虑日后的还款能力，为了解决顾客少的问题，竟然采取允许赊欠的方法，既不考虑可能会给资金流动带来的影响，也不考虑日后收账的困难，他这种拆了东墙补西墙的方式，虽然解决了眼前的问题，却给日后的经营埋下了隐患，最后终于导致了经营的彻底失败。

  我们常把只看眼前不顾以后的做法称为短视，一个短视的人很难正确处理生活中遇到的各种问题，而且也很难有什么成就。

  在不断前进的人生旅途中，一个人如果总是想一步走一步，那么他一定会碰到很多障碍。只有抛弃短视的习惯，多做一些长远打算的人，才能掌握自己的人生，拥有一个不可限量的未来。

未来的模样取决于现在的策划

常有一些年龄大的人感叹："我这辈子最大的问题就在于没有目标。"说这样的话，只能说明他们还没有了解目标的真正意义。事实上，每个人都是有目标的，小到多挣几百块钱，大到追求快乐而避开痛苦，这都是目标。只不过，真正有意义的目标应该是能够促使人们拿出行动去追求高素质人生的。遗憾的是，很多人所追求的目标真的就是多挣几百块钱用以偿付每月恼人的账单，当一个人的思想落到这种境地，人生也就不可能具有高层次的意义了。

人生的模样在于自我的策划，有什么样的目标就有什么样的人生，你为人生做出一个好的策划，才能朝着好的方向进行。如果你期望自身的潜能能够得以充分发挥，那么就要给人生做一个大策划，为人生订下一个大目标，这样，你才会愿意去挑战，才能够在挑战中发现随之而来的机会，使人生进入更高的层次。

那么，今天的你达到自己所期望的样子了吗？你的潜能是否完全发挥出来了呢？如果你能对自己狠下心来，相信你的明天会远胜于今天，现在就是你下定决心给自己的人生做一个大策划的时候了。

那年冬天，在美国西部洛杉矶市郊的一间屋子里，一个15岁的腼腆少年——约翰·葛达德——正在厨房的桌子前做着生物学家庭作业。这时他听到父母的一位朋友说："如果让我回到约翰的年纪，我干的事就大不一样！"这句话深深触动了葛达德的心。他在日记本新的一页上

端正地写道:"我的终生计划"。葛达德花了 5 个小时,一口气写下了 127 个目标。下面这些是目标中的一部分:

目标第一:探索尼罗河;

目标第二十一:登上珠穆朗玛峰;

目标第四十:驾驶飞机;

目标第五十四:去南、北极;

目标第一百一十一:读完莎士比亚、柏拉图等 17 位大师的全部名著;

目标第一百二十五:登上遥远、美丽的月球。

为了实现这些梦想,葛达德在他的小册子上写上了周计划和月计划。他每周都要量体重、清理衣橱、分析食谱和自我检查行动的得失。每天早晨他花 60 分钟练习杠铃、拉力器和单杠,以保持优美健康的体型。总之,葛达德全力以赴地朝着自己订下的目标而努力着。每当他实现了一个目标,他便带着满意的神情,在一个"目标"旁边画上一个代表成功的红色标记。结果怎么样呢?

到葛达德 61 岁的时候,他已经成功实现了 127 个目标中的 108 个。

例如他的第四十个目标是驾驶飞机,他后来驾驶过 46 种飞机,其中包括时速达到 1500 英里的 F-111 战斗机;他把自己实现第一个目标的经历写成了一本名叫《漂下尼罗河的皮划子》的畅销书。

"志不立,天下无可成之事。"立志是人生的起跑点,反映着一个人的理想、胸怀、情趣和价值观,影响着一个人的奋斗目标及成就的大小。所以,在规划人生时,首先要确立志向,这是人生成败的关键,也是最重要的一点。

当然,这个志向要切合实际。有时候,一个人纵然有浩然气魄,却脱离了生活的实际,梦想也只能是美梦一场。

有份大规划，才能成就大事情

因为去哪儿无所谓，所以走哪条路都无所谓，这是很多人的生活写照。因为没有规划，所以索性走一步算一步，自己不知道该怎样做，别人也帮不了他们，而且就算别人说得再好，那也是别人的观点，不能转化成他们的有效行动。

没有规划的人生，就像是没有目标和计划的旅行，走着走着就迷路了。花谢花会再开，可人谁还有来生？活不出个样子来，最对不起的是自己。

一项调查显示，每100个人中就有98人对现在的生活状况不满意，难道他们不想改变吗？

没有钱的人，他们不想有钱吗？职位低的人，他们不想高升吗？工作乏味的人，他们不想有一个更适合自己的工作吗？孤单的人，他们不想有一个美满的家庭吗？想，他们当然想，那么这个"想"字就代表了一种愿望、一个目标、一个蓝图。只是他们不知道通过什么样的途径实现目标，也就是不能为自己的目标做一个规划。

如果你不知道要到哪儿去，通常你哪儿也去不了。我们在畅想生活的美好前景时，心里会激动不已，可一旦涉及如何完成这个目标的行动时，又往往觉得无从下手、难上加难。很多目标就这样被一个"难"字卡住了。实际上事情的完成不可能轻而易举，目标永远高于现实，从低往高走哪有不费力的道理。关键在于规划，在于要充分挖掘自身潜力，制订一个具体可行的计划。

规划，就是人生的基本航线，有了航线，知道自己想要去哪里，我们就不会偏离目标，更不会迷失方向，生命之舟才能划得更远、驶得更顺。

日本著名企业家井上富雄年轻时曾在 IBM 公司工作。可是不幸的事情发生了，由于他体质较弱再加上过分卖力，导致积劳成疾，一病不起。他凭着强大的意志与病魔对抗 3 年之久，终于得以康复，并重新回到公司工作。

这个时候他已经 25 岁了，他觉得自己浪费了太多的时间，现在亟须为自己的未来制订一份计划。这样，一份未来 25 年的人生计划诞生了，这是他第一次为自己制订人生计划。此后，他每年都为自己未来的 25 年订立新的计划。比如 27 岁时，制订了到 52 岁时的人生计划；到了 30 岁时，制订了 55 岁时的人生计划。

由于担心过分逞强会引起旧病复发，井上富雄需要一种既能悠闲工作又可快速休息的方法。最初他是这样想的：好吧，别人花 3 年时间做到的，我就花 5 年时间去做；别人花 5 年时间，我就花 10 年时间，只要有条不紊，一步步前进，总是会有成就的。

他一直在思索，"如何才能以最少的劳力，消耗最少的精神，以最短的时间方能达到目的。"换言之，他一直在规划着一种既不过分劳累又能获得成功的人生战略。他依据现实情况，不断对规划作出调整，追加新的努力目标，使自己的人生追求逐渐扩展充实起来。他为自己的人生规划做足了准备，当他还是一个办事员的时候，就已经开始具备了科长的能力；当上科长以后，他又开始学习经理应当具备的能力；做了经理以后，就进一步学习怎么去做总经理。他的升迁比别人要快得多，这一切都得益于他所制定的人生规划。

到了 47 岁，他干脆离开 IBM，自己开始创业，之后，他取得了更加辉煌的成就。对于后辈们，他给出了这样的忠告："做什么事都要有计划。计划会促使事情的早日完成或理想的早日实现。"

人生从来就不是一个轻松的过程，假如你漫无目的、毫无规划地生活，只会让你的人生一团乱麻。生活中几乎每个人都有这样的经历：假日清晨一觉醒来，觉得今天没有什么重要的事情需要处理，就会东游西逛，懒懒散散地度过一天，但如果我们有一个非做不可的计划，不管怎样多少都会有点成绩。

一个人的幸运，不是因为他手中拿到了一副好牌，而是因为他知道用最好的方法把牌打出去。人人都有责任研究人生，做人生的设计师，哪怕只是为了对得起自己。虽然你无法预测自己的未来，但你可以用心去规划。只有对自己的人生有个宏观的把握，才能在未来的路上走得从容，走得精彩。

别把精力分散到太多的事情上

在人生的竞赛场上，没有明确的目标不行，目标太多也不容易成功。正如一位百步穿杨的神射手，如果他漫无目标地胡乱射击，是绝对不可能在比赛中获得胜利的。

其实这个道理连动物都懂。在自然界，老虎在捕猎时，通常是先通过潜伏选定目标，然后突然展开攻击，成群的猎物四处逃窜、惊叫，但在老虎眼中，就只有最开始认定的那个目标。它紧追不放、疯狂扑击，死死咬住猎物的咽喉直到其死亡，然后开始美滋滋地享受自己的战利品。

面对成群的猎物，老虎完全可以中途改道，去抓一只离自己最近的，为什么它只盯着一个目标不放呢？这是一种在残酷竞争中总结出来的生存智慧。动物们懂得：再优秀的猎手也不能同时攻击跑向两个不同方向的猎物，只有把精力集中在一个目标上，才有可能得到大快朵颐的机会。这是它们生存下去的唯一正确方式。

不过很遗憾，动物们都懂的道理，很多人不懂！我们常看到一些人，在很多行业里滑进滑出，今天觉得销售能挣钱，就去卖保险，明天觉得写作也不错，又去爬格子。结果呢？一样都没有做好。

还有一些人，列出一大堆看起来很不错的目标，其实也很努力，甚至加班加点，但就是无法做到从一而终，今天为这个目标奋斗几许，明天为那个目标努力一下，可都是浅尝辄止，结果分散了精力和时间，最后没有一件事做得出彩。

这世上的路有千万条，但我们只有一双脚！想要到达一个终点，只能沿着一条线路走。如果我们能够将目标集中起来，在一个领域里心无旁骛地修炼10年、20年，还怕成不了"精"？

一位有志青年去某公司应聘广告设计，公司录取他之后，这位青年表现得很出色！总监分给他一天的任务，他用一上午的时间就能完成。时间一久，青年有点闲不住了，就利用剩下的时间搞写作，总监发现了几次都没有说什么。青年并没有觉察到总监对他的宽容，依旧做着自己的事情。最终，这位青年被总监叫到了办公室去谈话。总监问他喜欢做什么？青年回答说：喜欢设计，喜欢写作，喜欢摄影等。

总监先给他讲了一个故事，故事是这样的：

一天，森林里来了三只猎狗，正看到一只土拨鼠，于是三只猎狗就拼命地追那只土拨鼠，然后土拨鼠钻进一个树洞底下。要知道，这个树洞只有一个洞口，于是这三只猎狗就死守在这个洞口边上。不一会儿，一只兔子从这个洞口猛得冲出去！这三只猎狗看见了就追那只兔子，这时这只兔子就爬到一棵大树上，这只兔子在树上嘲笑树下的三只猎狗，谁知道这只兔子得意忘形。从树上掉下来砸晕了这三只猎狗，趁机逃跑了！

故事结束了，总监问青年，你发现这个故事有什么问题了吗？青年回答说："第一，兔子不会爬树，怎么可能上树？第二，小小的兔子怎么可能一下子砸晕三只猎狗呢？"经理说："你很细心，分析得不错！但是你有没有注意到那只土拨鼠哪儿去了？"这时，青年才想起那只土拨鼠。经理说："你到公司来目的是什么？人的目标不能太多，至于你的写作等。只能当作你的业余爱好！"从那以后，青年精益求精，努力把设计做得比以前更好，两年之后，他被提拔为经理！

在欲望的驱使下，我们都想要得很多，但是，人的精力毕竟有限，这辈子没法做太多的事情，也没法实现太多的梦想，事实上这并不是什么遗憾，听听乔布斯的忠告："人生苦短，你明白吗？因此，我们必须为自己的人生做出选择。我们可以在日本某个地方的某座寺庙里打坐，可以扬帆远航去环游世界，（苹果公司）管理层可以去打打高尔夫，也可以去掌管其他的公司，但我们全都选择了在这辈子来做这样的一件事情。因为同时做很多事情，最后的结果就是一件事情也做不好。"的确是这样，这个世界很精彩，但人生苦短，只有用有限的时间和精力将有限的事情做出彩来，我们才算得上是在用正确的方式度过人生。

第二辑　关于现在　活好每一个当下，就算对得起自己

了解自己在哪里能实现最大价值

知人者智，自知者明。有些人不了解自己，不知自己想干什么，能干什么，所以常感到手足无措，这是件很可怕的事情！自知之明很重要，在人生的关键选择上，我们必须尊重自己的性格、爱好、能力……从而作出理智的决定。以避免在"贫瘠的土地"上空耗精力，却荒废了"肥沃的田野"。

德国著名化学家奥斯瓦尔德读中学时，父母为其选择了一条学习文学的道路。可老师的评价是："他很用功，但过分拘泥，这样的人即使有很完美的品德，也无望在文学上有所建树。"父母充分尊重了儿子的选择，让他改学油画，但他既不善于构思，亦不会润色，更缺乏艺术的理解力，成绩在班上倒数第一。老师的评语变得简短而严厉："你在绘画艺术上是不可造就之才。"父母和奥斯瓦尔德并未气馁，主动到学校征求意见。化学老师见他做事一丝不苟，建议他试学化学。奥斯瓦尔德的智慧火花仿佛一下子被点燃了，这位在文学、绘画艺术上的不可造就之才竟成为公认的在化学方面"前程远大的高才生"。

1909年，奥斯瓦尔德获得诺贝尔化学奖，成为举世瞩目的科学家。

人在不同的领域其价值的实现程度有一定差别，有时这种差别是让人难以想象的。

一位禅师为了启发他的徒弟，给他的徒弟一块石头，叫他去蔬菜

市场,并且试着卖掉它。这块石头很大,很好看,师父说:"不要卖掉它,只是试着卖掉它。注意观察,多问一些人,然后只要告诉我在蔬菜市场它能卖多少钱。"去了。在菜市场,许多人看着石头想:它可以做很好的小摆件,我们的孩子可以玩,或者我们可以把这当作称菜用的秤砣。于是他们出了价,但只不过几个小硬币。回来后说:"它最多只能卖到几个硬币。"

师父说:"现在你去黄金市场,问问那儿的人。但是不要卖掉它,只问问价。"从黄金市场回来,很高兴,说:"这些人太棒了,他们乐意出到1000元钱。"师父说:"现在你去珠宝商那儿,但不要卖掉它。"徒弟去了珠宝商那儿。他简直不敢相信,他们竟然乐意出5万元钱,他不愿意卖,他们继续抬高价格——10万元。他说:"我不打算卖掉它。"他们说:"我们出20万元、30万元,或者你要多少就多少,只要你卖!"他说:"我不能卖,我只是问问价。"他不能相信,觉得这些人疯了!他自己觉得蔬菜市场的价已经足够了。

徒弟回来了,师父见到石头说:"我们不打算卖了它,不过现在你应该明白了,这主要是想培养和锻炼你充分认识自我价值的能力和对事物的理解力。如果你是生活在蔬菜市场,那么你只有那个市场的理解力,你就永远不会认识更高的价值。"

做任何事情都是这样,先了解自己在哪里能实现最大价值,然后再走进那个领域,去实现这种价值。这样才更有可能与机会不期而遇。

第六章　请以谦卑之心，迎接世界的丰盛

"合抱之木，生于毫末；九层之台，起于垒土；千里之行，始于足下。"成功不是骤然降临的，而是由点滴的细节凝聚而成的。我们只有着眼于身边的每一件事，做好每一件事，才会取得比别人更傲人的成绩。所以，抓紧时间做好你手边的每一件事，这是走向成功的必由之路。

不是谁都可以一步登天

谁都想一步登天，但不是所有人都具备那样的条件，如果在通往罗马的路上，你缺少足够的盘缠，搭不上华贵的车马，那么就只能靠着自己的双脚踏实地走下去。如果你不愿这般寒酸，一直在那里好高骛远，没有香车宝马就不肯举步，那么你可能就只能一直停在原点。

其实成功与我们的距离并不遥远，只要肯静下心来做好手边的事，一步步走，总会走出一条路来。

在毕业20周年之际，南京的同学组织了一场同学联谊会。

联谊会上，大家把一直还住在乡间的原班主任用专车接了过来。

老人已年过古稀，头发全白了，手脚都已不便。同学们仿照原来教室的模样布置了聚会的会场，要求各位同学按20年前的座次坐好，将老师请到讲台前。

轮到同学座谈了。大家讲话中都先感谢老师的栽培。班主任听了也不说话，直到临近结束，才站了起来，说："今天我来收作业了。有谁还记得毕业前的最后一节课吗？"

那天是个晴天，班主任把大家带到操场上，说："这是最后一节课了。我布置一个作业，说易不易，说难不难。请大家绕这400米操场跑两圈儿，并记下跑的时间、速度以及感受。"说完便走了。

20年后老师说话了："我离开操场后，在教室走廊上观看了同学们作业的完成情况。现在，20年后的今天，我对作业讲评一下。跑完两圈儿的有4人，时间在15分20秒之内。1人扭伤了脚，1人因为跑得太快摔了跤，有23人跑过1圈儿后觉得无趣，退出后在跑道外聊天儿。其余的嫌事小，没有起步。"

大家惊异于老师记得如此清楚，一下子看到了老师昔日的风采，纷纷鼓掌。掌声落下，老师继续说："我就这次作业，并结合70余年人生体验，送给各位四句话：其一，成功只垂青有准备的人；其二，身边的小蘑菇不捡的人，捡不到大蘑菇；其三，跑得快，还需跑得稳；其四，有了起点并不意味就有了终点。你们现在都是36岁左右的年纪，又处在世纪之交，尚不是对老师说感谢的时候。请多说说自己的人生作业。"

教室里顿时鸦雀无声。

人们常常抱怨命运的不公，常常感叹世道的不平，并总是在幻想着成功之花在一夜之间绽放，然而天下哪有免费的午餐，要成功就得付出努力，即使如跑步这么简单的事。

154

成功也没有别的捷径，只能是脚踏实地，一环扣一环地前进，也就是人们经常说的"一步一个脚印"。再精巧的木匠也造不出没有根基的空中楼阁，任何伟大的事业也都是由无数具体的、微小的、平凡的工作积累的，不愿意干平凡工作的人很难成大事，世间没有突然的成功，成功的诀窍就是脚踏实地、实实在在地做事。

好高骛远的人往往摔得很重

生活中，我们都有这样的经验，当你站在沙堆上，无论你怎样用力，都没有在结实路面上跳得高、跳得远。其实，人生亦是如此，如果你好高骛远，不能脚踏实地，就无法为自己打下坚实的基础。

任芳芳大学毕业后，被分配到一家电影制片厂担任助理影片剪辑。这本来是一个人在影视界寻求发展的起点，但在10个月后，她却离开了这个岗位，辞职了。

她认为自己这样做的理由很充分：堂堂一个大学毕业生，受过多年的高等教育，却在干一个小学毕业生都能干的事情，把宝贵时光耗费在贴标签、编号、跑腿、保持影片整洁等琐事上面。这怎能不使她感到委屈呢？她有一种上当受骗的感觉，更有一种对不起自己的感觉。

几年后，当任芳芳看到电视上打出的演职员表名单时，竟然发现以前的同事，有的现在已经成为著名的导演，有的已经成为制作人。

此时，她的心中颇有点不是滋味。

任芳芳原来并未看到平凡岗位上的不平凡意义，所以她的辞职行动，是自己关闭了在影视界闯出一番事业的大门。

如果谁好高骛远，那就在人生路上犯了一个大错误。不要以为可以不经过程而直奔终点，不从卑俗而直达高雅，舍弃细小而直达广大，跳过近前而直达远方。心性高傲、目标远大固然不错，但有了目标，还要为目标付出努力，如果你只空怀大志，而不愿为理想的实现付出辛勤劳动，那"理想"永远只能是空中楼阁，是一文不值的东西。

一个人的能力，尤其是专业知识、工作规划以及处理问题的能力，都不是三两天可以培养起来的。也许你一开始的地位低下，能力也不强，但只要你能脚踏实地、勤勤恳恳地工作，你的各方面能力必然会很快得以提高。

多年前，英国蒙特瑞综合医科学校的学生威廉斯勒，对自己人生中的问题感到很困惑。他不明白应该怎么处理远大的理想和具体的身边小事，一个人应该有什么样的做事态度才能成功。他渴望成功，但对手边的小事又觉得没有什么意义。他甚至以为现在的学校生活枯燥乏味，没什么值得去用心的。因而他的成绩平平。他找他的老师探讨这些困难的人生问题。他的老师推荐他阅读哲学家卡莱里写的一本哲学启蒙读物。老师说，他的书里或许有答案帮助你解决问题。

威廉斯勒是一个意志很坚定的青年，他一向不崇拜大人物，更不相信所谓的名人名言，对许多问题一向有自己的独到见解。但既然是老师推荐的，他想或许真的有用，于是拿起书漫不经心地浏览起来。

突然间，书中的一句话让他眼前一亮："最重要的，就是不要去看远方模糊的东西，而是要做手边最具体的事情。"他恍然大悟，是啊，不论多么远大的理想，都需要一步步去实现啊！不论多么浩大的工程，都需要一砖一瓦垒起来啊！

他想明白了，他的困惑解决了，他终于找到了人生的答案。他知道，那些远大的理想，应该让它们高悬在未来的天空里，最紧要的，是把自己手边的每一件具体的事情做好。

也就是从那一天开始，年轻的威廉斯勒开始埋头读书，因为他知道这是他目前最紧要的事情，他要把自己的成绩提高上去。半个学期以后，威廉斯勒就一跃成为整个学校最优秀的学生。

两年以后，威廉斯勒以全校最优异的成绩毕业。毕业后他来到一家医院做医生，他认真对待每一位患者，对每一次出诊都一丝不苟。兢兢业业的态度和精益求精的精神，使他很快成为当地的名医。

几年以后，他创办了约翰·霍普金斯学院。他把自己的人生态度贯彻到每一个细节里。许多专家学者慕名来到他的学院工作，使他的学院很快成为英国乃至世界最知名的医学院。

事实上，翻开那些大人物的传记你就会发现，他们都是十分务实的人，他们有远大的人生目标，但一定是切合实际的，并且也不会让自己陷入空想。这是非常值得我们学习的。我们无论做什么事，都要让自己脚踏实地、全力以赴，这样，我们会越发能干，同时我们的心智也会成长，就可以追求更大的成功。

做大事需要一种"空杯心态"

在社会上折腾这么多年,说大不大,说小也不小,跌跌撞撞地走到了现在,无论是已经成功,还是仍然在为成功而努力,多少都会在心中有些感慨。曾经的我们觉得自己什么都明白,但真的去做事的时候却发现自己什么都不明白,正当我们两手空空地抱怨难道这就是人生的时候,突然明白了一件事情,那就是我们没有把自己思想里的那杯水倒干净,正是因为这个原因,新兴的知识和正确的意识总是倒不进自己的"杯子",也就不能形成正确的思想和经验保存在我们的心里。

爱迪生是人类历史上最伟大的发明家之一。他仅受过3个月的正式教育,一生却取得了1000多项专利。毫无疑问,爱迪生的成就是有目共睹的。然而,如此伟大的爱迪生,也曾在他的生命旅途中出现过"败走麦城"的一刻,这是为什么呢?

在白炽灯彻底获得市场认可后,爱迪生的电气公司开始建立电力网,输送直流电,由此开启了人类史上的电力时代。

当时,交流电技术开始崭露头角。发展交流电技术的威斯汀豪斯公司,想通过这项技术与爱迪生合作,受限于自大的心态和自己在直流电方面的投资利益,爱迪生不愿意承认交流电的价值。

威斯汀豪斯公司的提议,被爱迪生拒绝了。为了固守住自己在直流电方面取得的成就，爱迪生固执地站在交流电的对立面，以自己的影响力宣讲"交流电不如直流电"。自谋出路的威斯汀豪斯公司一度被爱迪生电气公司压得抬不起头。然而，谁也无法逆转社会的发展规律，交流电这个新生事物终以锐不可当之势浮出水面，赢得了世人的认可。在铁的事实面前，那些曾经崇拜、迷信爱迪生的人们惊讶地发现：爱迪生做错了！交流电的确比直流电好得多。

爱迪生电气公司的员工和股东们以此为鉴，他们一致决定将公司名字中的"爱迪生"三个字去掉。在后来的发展中，这家电气公司逐渐演变为今天的国际顶级企业之一的通用电气公司。

爱迪生辉煌了大半生，却在直流电和交流电这个问题上栽了个大跟头。他扼杀新生的交流电，成为他一生抹不去的一个污点。爱迪生之所以会犯下这样一个错误，与他不能让自己保持"空杯心态"密切相关。由此可见，干工作不能有一点成就就沾沾自喜，因为今天的成就不能代表明天。我们每天工作时都应该重新停留在新的起点上，因为起点才能让我们更渴望到达终点，才能让我们满怀信心，从零开始，把一切成就都抛到脑后，取得更多的辉煌。

林语堂大师曾经说过这样一句话："人生在世，幼时认为什么都不懂，大学时以为什么都懂，毕业后才知道什么都不懂，中年又以为什么都懂，到晚年才觉悟一切都不懂。""空杯心态"就是随时对自己拥有的知识和能力进行重整，就是永远不自满，永远在学习，永远保持身心的活力。拥有空杯心态的人就像一个攀登者，攀越的过程，最让人沉醉。因为这个过程，充满了新奇和挑战，下一座山峰，才是最有魅力的。正是这种空杯心态，让很多人的事业渐入佳境。

这个世界上有很多东西值得学习，即便你很有才华，在自己工作的领域也有很高的造诣，也要明白天外有天，人外有人的道理。

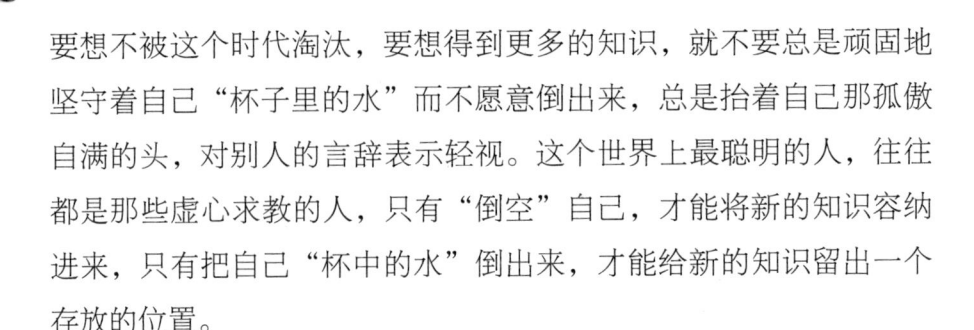

要想不被这个时代淘汰，要想得到更多的知识，就不要总是顽固地坚守着自己"杯子里的水"而不愿意倒出来，总是抬着自己那孤傲自满的头，对别人的言辞表示轻视。这个世界上最聪明的人，往往都是那些虚心求教的人，只有"倒空"自己，才能将新的知识容纳进来，只有把自己"杯中的水"倒出来，才能给新的知识留出一个存放的位置。

不懂就问，借别人的知识扩充自己

每个人都不是全才，总有一些问题是我们不懂的，总有一些事情我们从来没有做过。这时候最明智的办法就是虚心向别人请教。我们不要把它看作是一件丢人的事情，恰恰相反，它是一种美德。孔子有句话说得好："三人行，必有我师焉。"每一个人都有自己的长处。一个人要想成功，实现自己的美好理想，就得善于向所有的人学习。正像孔子说的，学习别人的优点，对于别人的缺点和不足要注意防止在自己身上发生。

向人请教是一种美德，也可以让你在不断的请教中获得自我的提高。当你不断向比自己高明的人请教，不断地汲取他们身上的经验和能力，那么总有一天你将成为他们之中的一员。虚心求教就是有这么神奇的力量，它会在不知不觉中改变一个人对待事物的看法，最终让他树立正确的方向和目标，从而改变自己的人生。

第二辑 关于现在 活好每一个当下，就算对得起自己

美国一家大银行的董事，他原是出身于南部的一个农村少年。一天，他看到一本杂志上介绍了一些大实业家的故事，他很想知道这些大实业家是怎么发家的，希望他们给自己提供一些思路和经验。于是，有一天他不管不顾地跑到纽约著名的威廉·B.亚斯达的事务所。他对亚斯达说："我很佩服您的创业精神，我想知道我怎么才能赚到100万美元？"亚斯达非常欣赏这个小伙子的胆量和雄心，微笑着与他谈了一个多小时，告诉了他许多好的经验，临走时又向他介绍了几个其他实业家。

他按照亚斯达的指示，请教了许多一流的商人、总编辑、银行家等。使他得到了很多知识、经验以及成功者的思想作风。他开始仿效他们成功的做法。仅仅过了两年，当那个青年刚满20岁的时候，就已经成为他当初做学徒的那家工厂的主人了。24岁的时候，他又成了一家农业机械厂的总经理。以后不到5年，他就如愿以偿地拥有了百万美元的财富了。最终这个来自农村的少年，成为一家大银行董事会的一员。

虚心求教的魅力就在于它能够帮助你不断地提升自己的品位，让你得到更多的知识。只要你是一个有心人，就可以在汲取别人的经验教训的同时，将其与自己的思想和理念进行有效的结合，从而创造出一个更为强大的成功秘诀。

要善于借鉴成功者的经验

一个人有做大事的目标，也有奋发进取的精神，这无疑是很好的。但是，在奋斗的过程中，方法也是极为重要的。否则，就有盲目不得法或走错路的可能。一般来说，每种事业都已有前人开拓的道路和已取得的成就，那么后学者就有必要沿着前人的足迹前进。这样不仅不会误入歧途，也会大大节省力气。因此，善于继承总结和利用已有的资源，并且能虚心向比自己有才能、有经验的人请教，是每一个事业开始起步的人所必须学会的方法。

中国有句俗话，"不听老人言吃亏在眼前"。很多时候，"老"并不只代表一种年龄状态，其实它更是人生经验和智慧的象征。在人生事业的岔路口，多听听"老人"的意见，绝对有助于使自己不走错路。

西汉初年，班超为西域都护使。他在漠北任职达30多年，威慑西域诸国。在他任期内，西域各族不敢轻举妄动，因此汉朝西北部边疆及西域地区得以和平安宁。为此朝廷封其为定远侯，可谓功成名就。

当班超年老力衰之后，感觉自己已不能胜任此职，便上表辞职。皇帝念其劳苦功高，便批准了他的请求，让任尚接替他的职务。

为了办理交接手续，任尚拜访了班超，问他："我要上任去了，请您教我一些统治西域的方法。"

班超打量一下任尚答道:"看你的样子就是个刻板性子的人,做事可能一板一眼,所以我有几句话奉劝你:当水太清时,大鱼就没有地方躲藏,谅它们也不敢住下来;同样为政之道也不能太严厉、太挑剔,否则也不容易成功。对西域各国未开化民族,不能太认真,做事要有弹性。大事化小,繁事化简才是。"

任尚听了,大不以为然。虽口头上表示赞成,内心却不服。

"我本以为班超是个伟大人物,肯定有许多高招教我,却只说了些无关痛痒、无足轻重的话,真令我失望。"

任尚果然把班超的教诲当作了耳旁风。他到达西域后,严刑峻法,一意孤行。结果没过多久,西域人便起兵闹事,该地就此失去了和平,又陷于激烈的刀兵状态。

出现这样的结果,任尚想必是非常后悔的。但是,已酿成大乱,后悔已无济于事了。

班超出使西域数十年,他的成功经验当然是宝贵的。任尚毫无治理西域的经验,应该认真领会才对。可惜的是任尚太过自以为是,不但没听从班超的正确意见,而且还反其道而行之。因此,他后来铸成大错,也就没什么可奇怪的了。

其实,成功者只是运用了正确的方法,而他们的方法我们一样可以学到,一样可以运用到生活中,帮助自己取得成功。因此说,注意向成功者学习,掌握进取的正确方法和技巧,无疑是获得成功的利器。

成功者用几十年摸索出来的路,我们没必要再用几十年去摸索,我们只要从他们那里学习过来就行了。就像你要去别人家里,最快的方法当然是让他带你去,因为他最熟悉这条路了。所以不论你从事什么行业的工作，进步最快的方法，就是去找你这一行业的最优秀者，向他学习。

　　多见世面，增长见识，去跟最优秀的人接触、交谈，就是提升自己的捷径。

第三辑　关于未来
每一个不曾起舞的日子，都是对生命的辜负

人们的生存结构就像是一个金字塔，只有相对少数的一些人生存在金字塔的顶端，蒸蒸日上，繁荣兴旺，而大部分人则一直处在金字塔的底部，每天只能收支相抵，量入为出。可事实是，那些处在金字塔顶端的人每天并不比我们多拥有一分钟，为什么他们就能在同样的时间里，做出让我们仰慕的成就呢？因为他们在没成功的时候，就一直在准备着未来。

第一章　人生定位越高，成就就越辉煌

眼睛所到之处，是成功到达的地方，你现在站在低谷里，是因为你的眼界太低。一个人的发展，在某种程度上取决于对自我的评价，这种评价就是定位。在心中你给自己定位成什么，你就是什么。从你的内心深处升起的那份对卓越的渴望，将会在瞬间改变你的一生。

人活着，总得活出些价值

有些人活着，他已经死了，有些人死了，他还活着，生命的意义不在于你在这个世界上停留多久，而是要看你在有限的时间内为这个世界、为自己创造了多少价值。

我们活着，可以有两种活法：一种像草，尽管活着，尽管每年还在成长，但毕竟就是棵草，吸收了阳光雨露，却一直长不大，谁都可以踩你，但他们不会因为你的痛苦而产生痛苦，他们不会因为你被踩了，而怜悯你，因为人们本身就没有看到你；另一种活法像树，即便我们现在什么都不是，但只要你有树的种子，即使你被踩到泥土中，你依然能够吸收泥土的养分，自己成长起来。当你长成参天大树以后，

第三辑 关于未来 每一个不曾起舞的日子，都是对生命的辜负

遥远的地方，人们就能看到你、走近你，你能给人一片绿色。这才是我们做人和成长的标准。

尽管现在的生活可能并不如意，但你必须要求自己活出个样子，不光是为了自己，也是为了给别人看的。人，可以被剥夺很多东西，甚至是生命，但谁也不能剥夺你的尊严，更无法剥夺你的自由——不管在什么情况下，你都可以选择自己的态度和方式。

谭盾当年远赴哥伦比亚求学时，境况很不好，他那时真的没钱。来到异国他乡，为了生存下去，谭盾只能靠卖艺求生计。在那个时候，他结识了一位黑人琴师，两个人同心协力占据一块地盘——一家商业银行的门口。

赚到一些钱以后，谭盾决定离开黑人琴师，投向自己向往已久的艺术殿堂——哥伦比亚大学。在这里，他师从大卫·多夫斯基以及周文中先生，潜心学习音乐。身在学府，当然不能像街头时那样卖艺赚钱，谭盾的生活逐渐拮据起来。然而，他再也没有回到市井之中，因为他的心已经超越了物质，融入了艺术。

后来，在师友的帮助下，谭盾在美国成功举办了个人作品音乐会，成为第一位在美国举办个人音乐会的中国音乐家；第二年，他以一曲《九歌》闯入国际音乐殿堂，并不断推陈出新，凭借令人赞叹的音乐作品，逐步奠定了自己"国际著名作曲家"的地位。

谭盾成名以后，一次，他偶然路过自己曾经卖艺的地方，竟发现那位黑人琴师依然还在！转眼间10年了，黑人琴师的脸上还是写满了满足。谭盾走上前去和他交谈起来，琴师问起谭盾现在的工作地点，他简单回答了一家非常有名的音乐厅，没想到对方却说："那个地方也不错，能赚到不少钱。"黑人琴师怎么会知道，如今的谭盾早已成了享誉全球的大作曲家。

你内在的动力，决定你生命的成色。黑人琴师之所以一直没能改变生活的境况，之所以只能在社会舞台上扮演无足轻重的微小角色，就因为他和那些懒惰闲散的人、好逸恶劳的人、平庸无奇的人一样，缺乏内在的动力。

我们的人生应该像河流一样，虽然生命曲线各不相同，但每一条河流都有自己的梦想——那就是奔腾入海。只是很多人不做河流，反而去做那泥沙，让自己慢慢地沉淀下去。是的，沉淀下去，或许你就不用再为前进而努力了，但是从此以后你却再也不见天日。

所以不论你现在的生命是怎样的，你一定要要求自己活出个样子，要有水的精神，像水一样不断地积蓄自己的力量，不断地冲破障碍。当你发现时机不到时，就把自己的厚度给积累起来，当有一天时机到来，你就能够奔腾入海，成就自己的生命。

你能不能活出个样子，是给别人看的，更是给自己看的，而恰恰，给自己看的这一部分才最真实。你只有自己觉得活得有价值，活得够幸福，那才是真正的幸福。

再苦的日子也要让未来有盼头

有人问英国登山家马洛里："为什么要攀登世界最高峰。"他回答："因山就在那里。"其实，每个人心里都应该有一座山，去攀登这座山，有时纯粹只是精神上的一种体验。为了这种体验，可能要体会常人所

第三辑　关于未来　每一个不曾起舞的日子，都是对生命的辜负

不能想象的苦，结局也未必美好，可因为拥有了过程，就此生无憾了！至少它可以证明，我们曾经年轻过。

他在农村长大，从小钟爱唱歌。初中毕业后，他开始学吉他，渐渐在当地小有名气。音乐就是他的全部，当他全力去追逐梦想时，却被乡亲们看作不务正业。就连父母也反对，劝他脚踏实地，早点成家，安心过日子。但是，梦想的召唤，让他无法平静。他瞒着父母，从家里跑出来，到了陌生的北京。

最后找到后海，没见到大海，到处都是酒吧。他无比兴奋，满怀期望，一家家去问，要不要歌手，无一例外被拒绝。他乡音太重，没人相信他能唱好歌。走了大半夜，脚抬不动了，得找个地方过夜。他身上只带了几十元钱，别说住店，吃饭都成问题。他抱着吉他，在地下人行通道里睡了一夜。

第二天，他继续找工作。幸运的是，一家酒吧答应让他试唱。露宿了两夜，他总算找到安身之所：两间平房中间有条巷子，上方搭了个盖，就是一间房。房间不到两平方米，能容下一张床，进门就上床，伸手就能摸到屋顶。头顶上方是个鸽子窝，鸽子起飞时，飞舞的羽毛从窗外飘进来，绝无半点诗意。虽然简陋，好歹能遮风挡雨，最主要的是便宜，才200元钱一个月。他告诉房东，我给你100元，住半个月。身上没钱，即使这100元，他还得赊欠。

不久后，他发现自己并不适合酒吧。为了让更多人分享自己的音乐，他决定离开酒吧，去街头献唱。选好地方，第一次去，他连吉他都没敢拿出来就做了逃兵。他脸皮太薄，连续三天都张不开嘴。第四天，他喝了几两白酒壮胆，最后唱出来了。清澈的嗓音，伴着悠扬的琴声，仿佛山涧清泉流淌，无数人被他的歌声打动，驻足流连。他的歌被传到网上，他的歌迷越来越多。这个叫阿军的流浪歌手，渐渐为

人所知，大家都叫他"中关村男孩"。

他离梦想似乎更近了，可有多少人了解他背后的艰辛？没有稳定的收入，他只能住地下室；没有暖气，冬天跟住在冰窖里差不多；为了省电费，只能用冷水洗头；不穿浅色衣服，伙食定量，十元钱大米吃一个星期，两顿饭一棵大葱，三天一包榨菜。每次家人打来电话，他总是说在酒吧唱歌，住员工宿舍，整洁卫生，还有暖气。他学习并领悟了心安理得地说谎，再苦也不想回家。梦想那么大，只有北京才装得下。

其实，他完全能够不用受这份苦。家里的条件不是太差，有新房子，有深爱他的兄弟姐妹，父母都期望他早日成家。他能够像身边的同龄人一样，在老家找一份简单的工作，安安稳稳地过一辈子。但是，心里总有一个声音在呼唤，梦想让他无法抗拒。他说："我还年轻，如果不出来闯一闯，一辈子都不得安宁。"

在这个世界上，还有许多像阿军一样的人，他们走得很急，发愤地追逐着自己的梦想。有的人可能会给这个世界留下些什么，有的人可能只能成为过客，但都没有关系，如果你定下一个高层次的目标，就算失败了，你也能收获很多。

登山者之所以能够征服高山，是因为他的心就有那样一个高度；航海者之所以能够征服海洋，是因为他的心就有那样一个广度。每个人心中都应该有一座山、一片海，这山、这海，其实就是个盼头，活着，就得有个盼头。世界上多少伟大的事业就是靠着这个盼头所产生的力量而成就的。

第三辑　关于未来　每一个不曾起舞的日子，都是对生命的辜负

你现在的想法，决定未来的活法

任何一个人的内心想法，都是一个构造独特的世界，蕴藏着极大的能量。它的爆发，既可以将你推入万丈深渊，也可以助你走向成功的彼岸。我们要想获取成就，就必须先有自己的思想。没有思想，意识处于混沌状态，连认识自己和看清别人都无法做到，更难对身边的状况作出良好回应。有自己的独特想法，确立正确的人生观念，随着时代的改变迅速调整自己的观念，我们才算找到转变人生的基础和起点。

一个人，只有观念领先了，才会有行动的领先，继而是成就的领先。

多年前，一个新生命在美国犹他州诞生，仿佛是天性使然，他从小就厌倦学校和教会带给自己的束缚，拒不接受传统思想。到了14岁，他忽然想去工作，可年龄又不够，于是他伪造洗礼证书，宣称自己满16岁，混进了一家罐头厂干起了倒污水的工作，又先后做过乳牛场伙计、搬运工、屠宰厂工人、农场农药喷洒工……

身边的亲人都说他太叛逆，将来很难成才，对他不抱什么希望。他27岁时，一家消费金融公司给了他一个正当工作的机会。可是他依然不安分，在他的影响下，几个平均年龄只有二十来岁的年轻人跟随他干，他们的努力产生了很好的效果，公司的业绩奇迹般高速增长，但公司思想保守的领导层最终还是容不下他。不到一年，他就被逐出

了公司。后来他流浪到了西雅图市,偶然的机会进入一家金融集团干起了主持筹办消费者借贷业务的行当,日久天长,他不守规矩的本性又渐渐显露出来,在那个保守风气盛行的年代,他破除陈规,改革创新组织与管理的努力再一次流产了。

36岁那年,已是3个孩子父亲的他生活十分窘迫,走投无路的他不得已敲开了美国国家商业银行的门,当了一名实习生,所干的工作与勤杂工差不多,近40岁了经常被各部门调来调去,任人差遣和使唤。

这样的日子,他熬了6年,生性叛逆的个性让他吃尽了苦头,受尽了磨难,却没干成过任何一桩他想干的事。可是,倔强的他不断告诫自己,这一辈子一定要找到一次出彩的机会。

43岁时,在许多人对人生已不再抱出彩希望的时候,他赢得了生命中的一次转机。美国国家商业银行开发信用卡业务,他争取到了一个协助工作的角色,并以超越了非传统的想法获得了银行高层的支持。带着30多年来一直对创新组织与管理的向往与实践,经过近两年的积极探索,他终于成功了。在当时没有互联网的条件下,他发展出一套"价值交换"的全球系统,并借此创建了一个组织——"VISA(维萨)国际",以至于在以后的22年里,成为奥林匹克运动会的铁杆赞助商。如今维萨的营业额是沃尔玛的10倍,市场价值是通用电气的2倍,成了全球最大商业公司,世界超过六分之一的人口成为它的客户。他自然而然地被推上了维萨信用卡网络公司创始人的位置,后来又成为"混序联盟"的创始人及CEO。

他就是入选企业名人堂,并被美国颇具影响力的《金钱》杂志评为"过去25年间最能改变人们生活方式的八大人物"之一,他的名字叫——迪伊·霍克。

迪伊·霍克，这位几十年抱着信念挣扎在人生底层的超常思维大师，耗尽他大半生的时光，终于为他平凡的生命画出了一道世上最绚丽的弧，他独特的创业管理理念——"问题永远不在于如何使头脑里产生崭新的、创造性的思想，而在于淘汰旧观念。"让很多人受益匪浅。

要想改变我们的人生，首先就要改变我们心中的想法。只要想法是正确的，我们的世界就会是光明的。事实上，我们与那些成功者之间本身并无太大差别，真正的区别就在于观念：他们一直驾驭着观念，而我们则一直在被观念所驾驭。观念的正确与否，决定了谁是坐骑，谁是骑师。

梦想足够远大，成就才能更高

一个有人生追求的人，可以把"梦"做得高些。虽然开始时是梦想，但只要不停地做，不轻易放弃，梦想能成真。就算我们不能登上顶峰，但可以爬上半山腰，这总比待在平地上要好得多。

保罗·乔治出生在加拿大安大略省的一个小镇。他一共有8个兄弟姐妹，家境贫寒，所以15岁就到采石场干活了。但保罗·乔治并不甘心自己的一生就困在采石场中，他常常会利用一些闲暇时间听老人们讲述小镇的历史。从那些交谈中，他了解到了外面的世界与小镇的差距，他决定要到外面闯一闯。18岁那年，他辗转来到多伦多，又从那里到了美国。

在美国的生活非常困苦,有多少次他都想回到家乡,感受家乡的温暖,但每每此时,另一个声音就会在心中响起:"你是要改变命运的!"

在不懈地努力下,20岁时,保罗·乔治获得了石匠资质认证,不久,政府决定在林肯纪念碑上雕刻林肯的"葛底斯堡讲演词",乔治凭借出色的技艺成功入选。在雕刻林肯讲演词的时候,乔治被林肯的人生经历彻底打动了。他想:林肯早期的命运几乎和自己一样,但他坚信自己会是个出色的人,在一次次的失败以后一次次地站了起来,最后竟然成了最伟大的总统。那么,如果自己决心改变命运,也一定是能够做得到的。

从那一刻起,他心中的信念更坚定了:保罗·乔治一定能够成为更有用的人!他要当律师。乔治过去只在小镇上过几年学,想到华盛顿大学国家法律中心学习,这个事情的难度不言而喻,何况他每天还要工作。但是,困难并没有削弱乔治改变命运的意志,他一下班就去夜校进修英文,他的工作兜里除了凿子、锤子还时刻都装着课本,他在吃饭的时候都不忘记学习……

天道酬勤。保罗·乔治终于考入了华盛顿大学国家法律中心,他在几年的时间里先后获得了法学学士和法学硕士学位。他先是在华盛顿担任律师,工作非常出色,得到了人们的认可,也为自己积累了一定的资本,后来,他前往纽约开办了一家法律事务所,逐步进入了美国的上流社会。

一个人最终的成就不决定于他的出身,也不受外界环境所主宰,关键是他的想法如何。

远大的理想信念是人生的精神支柱,它使人产生积极进取、奋发向上的力量和顽强拼搏的决心。一个人如果胸无大志,仅仅追求物质的满足，那么他的人生将是不健全、不幸福的。因为幸福生活是物质生活和精神生活的统一。没有精神的愉悦，即使物质生活再充裕，也是痛苦的。

所以，如果你是一株小草，那么起码要梦想着自己能点缀绿茵场；如果你是一粒种子，一定要让自己朝着大树生长，如果你是一只蝴蝶，也不妨试试飞向天际。如果现阶段你的所有目标都实现了，那说明你的梦想还不够远大。

梦想越低，人生的可塑性就越差

人都会有这样的体会：当你确定只走 1 千米路的时候，在完成 0.8 千米时，便会有可能感觉到累而松懈自己，以为反正快到了。但如果你要走 10 千米路程，你便会做好思想准备，调动各方面的潜在力量，这样走七八千米，才可能会稍微放松一点。梦想与现实的关系也同样如此，你的梦想越远大，你为之而付出的努力就会越多，即便达不到自己理想的状态，你也能够取得非凡的成就。

一个具有远大梦想的人，毫无疑问会比一个根本没有目标的人更有作为。有句苏格兰谚语说："扯住金制长袍的人，或许可以得到一只金袖子。"那些志存高远的人，所取得的成就必定远远离开起点。即使你的目标没有完全实现，你为之付出的努力本身也会让你受益终身。

一个炎热的日子，一群人正在铁路的路基上工作，这时，一列缓缓开来的火车打断了他们的工作：火车停了下来，最后一节车厢的窗户——顺便说一句，这节车厢是特制的并且带有空调——被人打开了，一个低沉的、友好的声音响了起来："大卫，是你吗？"大卫·安德森——这群人的负责人回答说："是我，吉姆，见到你真高兴。"于是，大卫·安德森和吉姆·墨菲——铁路公司的总裁，进行了愉快的交谈。在长达1个多小时的愉快交谈之后，两人热情地握手道别。

大卫·安德森的下属立刻包围了他，他们对于他是墨菲铁路公司总裁的朋友这一点感到非常震惊！大卫解释说，20多年前，他和吉姆·墨菲是在同一天开始为这条铁路工作的。

其中一个人半认真半开玩笑地问大卫，为什么他现在仍在骄阳下工作，而吉姆·墨菲却成了总裁。大卫非常惆怅地说："23年前我为1小时1.75美元的薪水而工作，而吉姆·墨菲却是为这条铁路而工作。"

美国潜能成功学大师安东尼·罗宾说："如果你是个业务员，赚1万美元容易，还是赚10万美元容易？告诉你，是10万美元！为什么呢？如果你的目标是赚1万美元，那么你的打算不过是能糊口罢了。如果这就是你的目标与你工作的原因，请问你工作时会兴奋有劲吗？你会热情洋溢吗？"

卓越的人生是梦想的产物。可以说，梦想越高，人生就越丰富，达成的成就就越卓越。相反，梦想越低，人生的可塑性越差。也就是人们常说的："期望值越高，达成期望的可能性就越大。"

第三辑 关于未来 每一个不曾起舞的日子，都是对生命的辜负

如果你是千里马，一定要跑给别人看

在很多人的意识里，"是金子，总会发光的""酒香不怕巷子深"，因此，很多人都认为只要自己努力做事，就会有出头之日；只要自己付出努力，就能得到相应的回报。然而，事实真的是这样吗？

韩愈在《马说》中这样写道："世有伯乐，然后有千里马。千里马常有，而伯乐不常有；故虽有名马，只辱于奴隶人之手，骈死于槽枥之间，不以千里称也。"人们常用千里马来比喻人才，然而千里马遇不到伯乐的下场是什么呢？非常凄惨：辱于奴隶人之手，骈死于槽枥之间，不以千里称也，不被重视、不得重用，生前无功，身后无名。

所以说，人才不能习惯等待别人来发现自己，不能羞于表现自己，否则，即使你有日行千里的能力，伯乐也不知道。即使伯乐站在你面前，如果你不表现一下，只是羞答答地卧着，他也不知道你能不能跑，那你就不要埋怨别人让你做拉车拉磨的工作了。

有个小伙子大学毕业后到一家大企业应聘，却因为种种原因错过了面试时间。这个大学生很喜欢这份工作，因此，他并没有就此放弃，他直接找到了人事部经理，希望对方能再给自己一次机会。

人事部经理十分欣赏年轻人的胆量和自信，决定亲自对他进行面试。听完年轻人非常自信的自我介绍后，人事部经理面有难色地说："对不起，我们的招聘有两个条件——硕士学历和两年的工作经验，可

惜你都不符合要求。"

年轻人听了却没有气馁，仍然微笑着说："我虽然没有工作经验，但大学时，我在学校担任过学生会主席，组织同学们开展过很多活动，勤工俭学时做过日用品直销员、兼任过报刊特约记者，实习时也在广告公司从事过文案工作，并受到了领导多次表扬……我相信自己完全能胜任这一份工作。"说完便递上精心设计的求职材料。

人事部经理认真地看过年轻人递过来的材料之后，很遗憾地说："你的确很优秀，可是我们公司是有规定的。公司规定要硕士以上学历，真的很抱歉。"

就在年轻人决定起身离去时，他再一次鼓起勇气做了最后的尝试。他对人事部经理说："文凭仅仅是代表一个人受教育的程度，并不能真正代表一个人的能力。我相信贵公司要的是能为公司谋利益的人才，而不仅仅是硕士文凭。"

人事部经理足足凝视了年轻人20秒钟，最后他终于说道："年轻人，就冲你这份勇气，你被录用了。"

美国成功学家戴尔·卡耐基曾说过："不要怕推销自己，只要你认为你有才华！"在我国，也有毛遂自荐的故事，把自己推销给老板，才有了发挥才能的机会，否则，被埋没的可能性就很大。

既然是好酒，为什么要躲在巷子深处而不表明自己是好酒呢？既然是金子，为什么不让自己摆在显眼的地方呢？现代社会，人才辈出，竞争激烈，不懂得推销自己，就会成为人才海洋中那最不起眼的一滴。

这个世界上，千里马很多，而伯乐不常有。所以，不要再习惯等待，不要再相信自己在哪里都能发光，没有用武之地的人生注定是一种悲哀。如果你是千里马，一定要学学毛遂，主动找到伯乐，告诉他："我是千里马，我跑给你看！"

第三辑　关于未来　每一个不曾起舞的日子，都是对生命的辜负

要时刻想着成为最好的那一个

要做就做最好，只要有 1% 的希望，就付出 100% 的努力——这是那些成功者能够创造自身发展奇迹的一个关键所在。如果你也希望创造人生发展的奇迹，你当然也需要这样去做。如果你是一个工人，你就要竭尽全力成为技术尖兵；如果你是一名销售员，你就要竭尽全力成为最好的销售员；如果你是一名教师，你就要全力以赴成为最好的老师；如果你是一名医生，你就要全力以赴使自己成为医术最高明的医生；如果你要去创业，就要有心成为千万创业者中最成功的那一位……总而言之，你要尽可能在自己所处的领域中达到自己力所能及的最好程度。也许你不能名垂青史，但你的确能够成为同行业中最好的那一个！

土生土长的温州人周大虎毕业以后进入当地邮电局工作。刚开始，他的工作很简单，就是扛邮包。这虽是个体力活，但是，要强的他却经常叮嘱自己："要做就做最好，搬运工干好了也能干出名堂！"

在这样一种积极上进的思想指引下，他的工作做得果然很出色。很快，就得到了领导的肯定，将他提了干。成为干部的他做事更认真、踏实了，他铆足了劲要做到更好，绝不辜负领导的栽培。

就这样，他很快又被升了职，调到局里为解决职工家属就业而专门成立的服务公司去当领导。到了新的岗位的第一天，他就给自己定

下一个目标："一定要把这项工作做到最好,让手下这些临时工享受和正式工一样的待遇!"

于是,经过他的用心工作,他的目标很快就实现了。

几年以后,他的妻子意外下岗了,拿到了5000元的安置费。头脑灵活的周大虎便以此为资本开始创业,在家里开起了生产打火机的作坊。

由于他时刻想着成为最好的那一个,很快就将打火机生意做得有声有色、风生水起。

当时,打火机销售非常火爆,当地的各家生产商都有做不完的订单,大家为了节省时间和成本,就开始偷工减料。但是,周大虎却没有效仿他们。因为"要做就做最好,永远做强者"的念头一天也没有从他脑海里消失,他是不会冒着自砸招牌的危险去"饮鸩止渴"的。

他依然毫不松懈地严把质量关,把每一笔订单都做到最好。市场自有公论,很快,"虎牌"打火机在市场上的优势就凸显了出来。从此以后,周大虎的订单猛增。而那些浑水摸鱼、生产劣质打火机的商家却因为接不到订单而先后关门了。

总结周大虎的成功经验,他的一句话很能说明问题,他说:"我这个人有一点,做什么都想做到最好。"

什么都要做到最好,这就是周大虎成功的动力。假如不是一心想着做最好的那一个,他不会从一个搬运工成为干部;假如不是一心想着做强者,他不会从几千块钱开始做到今天的亿万富翁。

其实,世上除了生命我们无法设计,没有什么东西是天定的;只要你愿意设计,你就能掌握自己,突破自己。所以从现在起,从每一件小事情做起,把每一件事情做到最好,这是对于一个出色之人的最起码要求,不论做什么事,别做第二个谁,就做第一个我,要做就把事情做到最好。

如果把成功比作我们前进的方向，那么"要做就做最好"就是我们成功的方法。有了方法和方向，并为之付出相应的努力，我们的理想就会成为现实。

第二章　等到的，是命运；走出来的，才是人生

心动不如行动，虽然行动不一定会成功，但不行动一定不会成功。生活不会因为你想做什么而给你报酬，也不会因为你知道什么而给你报酬，而只会因为你做了什么才给你报酬。一个人的目标是从梦想开始的，一个人的幸福是从心态上把握的，而一个人的成功则是在行动中实现的。

没有一个成功群体叫空想家

人生中最可悲的一句话就是：我当时真应该那么做，但我没有那么做。

理想不是想象，成功最害怕空想。要想成就人生，就必须行动起来。躺在地上等机遇永远不会成功，因为机遇早已从头顶飘过。那些成功者都是不折不扣的实干家。

相反，很多人的想法颇多，但大多就只是空想，而不付诸行动，结果一事无成。

第三辑　关于未来　每一个不曾起舞的日子，都是对生命的辜负

有个人，偶然的机会捡到一只鸡蛋，回家高兴地跟老婆筹划：要将蛋孵出小鸡，小鸡若是母鸡长大后就会生蛋，这样一年后就会有很多蛋，蛋又能孵出鸡，这样鸡生蛋、蛋孵鸡，再过几年就可以用卖鸡卖蛋所赚来的钱，去买十头牛——当然是母牛了，母牛生牛犊、牛犊长大再生小牛……这下就会发财了，他想到这里高兴至极，居然还说要用这笔钱讨个小老婆，谁料老婆一气之下，一巴掌把那鸡蛋给打碎了。

任何梦想，若只想，则易灭！想象着天上掉馅饼无疑是可笑的。有些人总是考虑他的那些"假若如何如何"，所以总是因故拖延，总是没有行动起来。总是谈论自己"可能已经办成什么事情"的人，不是进取者，也不是成功者，只是空谈家。

这个世界总是为那些有目的的人准备着路径的。如果一个人有目标、有对象，晓得他自己是向着何处前进，那么，他就比那些游荡不定、不知所从的人来得更有成就。

某广告公司招聘设计主管，薪水非常优厚，求职者甚众。几经考核，10位优秀者脱颖而出，齐聚到了总经理办公室，进行最后一轮角逐。

老总指着办公室里两个并排放置的高大铁柜，为应聘者出了考题：请回去设计一个最佳方案，不搬动外边的铁柜，不借助外援，一个普通的员工如何把里面那个铁柜搬出办公室。

望着据说每个起码能有500多斤的铁柜，十位精于广告设计的应聘者先是面面相觑，思考着为什么出此怪题，再看老总那一脸的认真，他们开始仔细地打量那个纹丝不动的铁柜。毫无疑问，这是一道非常棘手的难题。

3天后，9位应聘者交上了自己绞尽脑汁的设计方案：杠杆、滑

183

轮、分割……但老总对这些似乎很可行的设计方案根本不在意，只随手翻翻，便放到了一边。这时，最后一位应聘者两手空空地进来了，她是一个看似很弱小的女孩，只见她径直走到里面那个铁柜跟前，轻轻一拽柜门上的拉手，那个铁柜竟被拉了出来——原来那个柜子是超轻化工材料做的，只是外面喷涂了一层与其他铁柜一模一样的铁漆，其重量不过几十斤，她很轻松地就将其搬出了办公室。

这时，老总微笑着对众人说："大家看到了，这位未来的员工设计的方案才是最佳的——她懂得再好的设计，最后都要落实到行动上。"

很多人在风华已过时不无懊恼——"如果当年我怎样怎样，早就飞黄腾达了！"的确，一个伟大的目标胎死腹中，令人叹息不已，永远无法忘怀，然而，这又怪得了谁？人格与尊严是自己干出来的，空想只会通向平庸，而绝不是成功。

所以，若想做成一件事，就要先行动起来。在实践中充实自己、展现自己的才能，将该做的事情做好，证明自身的价值，如此你才能得到别人的认可。

要成功就得先行动

要摘果子的人必须先爬上树，要知道梨子的滋味，就要亲口吃一吃。实践才是最好的导师，你要获得人生的果实，就要亲身去实践。

可能你很小的时候就开始崇拜成功者，可是长大了你会发现，他们之中的很多人,其实就是自己身边的普通人。你可能对他们很了解,如果抛开媒体的渲染,你甚至不知道该崇拜他们什么。可是,毕竟他们不平凡了,毕竟与你的社会地位不同了。为什么会这样呢?他们比你聪明?比你条件好?其实客观思考后你会发现,原因就在于,他们不懈地行动了。

有多少次,你也被那些名人的事迹、那些激动人心的话语,刺激得热血沸腾,只觉得浑身充满力量,恨不得就去大干一场。但可惜的是,它如大海的波浪,来得快去得也快。思想上的震颤,情感上的激动都只是短暂的,真正重要的还是行动。

有一个年轻人,刚刚20岁就因为没有饭吃饿死了。

他来到阎罗殿,阎王从生死簿上查出,这个人本该有60岁寿命,其一生也有千两黄金的福报,按理说不应该是这么个结局啊。

阎王心想:会不会是财神把这笔钱中饱私囊了呢?于是阎王去问财神。

财神说:"我看这个人命格里的文才不错。如果写文章一定会发达,所以把一千两黄金交给文曲星了。"

阎王又问文曲星。

文曲星说:"这个人虽然有文才,但是生性好动,恐怕不能在文章上发达。我看他武略也不错,如果走武行会较有前途,就把一千两黄金交给武曲星了。"

阎王再问武曲星。

武曲星说:"这个人虽然文韬武略,却非常懒惰。我怕不论从文从武都不容易送给他一千两黄金,只好把黄金交给土地公了。"

阎王再把土地公叫来。

土地公说:"这个人实在太懒了。我怕他拿不到黄金,所以把黄金埋在他父亲从前耕种的田地。从家门口出来，如果他肯挖一锄头就能挖到黄金了。可惜，他的父亲死后，他从来没有动过锄头，就那样活活饿死了。"

最后，阎王判了"活该"，然后把一千两黄金收缴入库。

一个人，即便文韬武略，鸿运当头，但如果不能脚踏实地，勤奋耕耘，就是黄金埋在近处也终究不会有所收获，而肯付出、肯实践的人，每走一步、每一锄头下去，也许都能拾到千两黄金。这就是行动与不行动的差别。

记住，要摘果子你得先爬上树，要成功你得先行动。

主动出击才能抓住机会

天上不会凭空掉下一个馅饼来，即使掉下来了，也不一定恰好落到你的头上。所以要获得"好运"，就要发挥主动性，寻找到"馅饼"的落点，稳稳地接住它。

一个朋友曾讲过他和妻子的故事：

我和妻子离家的时候，家乡的情况很不好，但是我们发现新地方的情况也不好，这里有许多像我一样的人，没有合适的工作岗位。我在家乡受过良好教育，成绩优秀，获得了行医执照。但在这里我谁也不认识，根本不能指望病人找我看病。去医院求职更无望，因为从医学院毕业的高才生都很难在医院找到工作，当然别指望他们给我留个职位。我和妻子都很着急，我们有一点儿钱，可撑不了多久。但是，

第三辑　关于未来　每一个不曾起舞的日子，都是对生命的辜负

枯坐着干搓手无济于事。由于找不到工作，我们决定到乡下看一看。我们买了一辆旧车，开始上路。我们在旅途中的所见所闻令人高兴。乡下的情况比城里好，妻子说："为什么不当一名乡村医生呢？"

我对她说："别心血来潮了，人们都对外地人存有戒心，我的口音这么重，怎能指望在这种地方做医生呢？再说，你一定清楚，每个镇子都有医生。"

可是，只要妻子有了想法，再劝说也没用。从那时起，每当我们停车休息，她都会对路过的人说："这个镇子需要医生吗？"

当然，人们都以为她很怪，回答说不需要。我求她别问了，我说："求求你，这太让人难堪了。"可是她毫不在意。她是必须有事可做的女人，要不然就不高兴。后来我甚至讨厌停车，因为人一靠近，她马上就会问："你们这儿需要医生吗？"

几周后，妻子也有些灰心。一天，我们正在开车，我说："别再说那些废话了。"她说："或许你是对的。"说完我们停下来休息。这时妻子与身边的人搭话。我还没来得及阻止她，她已经又提出那个老问题。让我惊讶的是，一个男人伸出头来说："你提这个问题，太有意思了。我们那个地方的老医师两天前刚得病死去，我们正想着尽快从外面请个医师来呢。"

妻子对我说："你看，机会来了！"于是，我们到这里跟当地人谈了谈，就开起了诊所。打那以后，一切都很顺利。我们交了许多朋友，再也不想搬家了。

馅饼不会从天上掉下来，等是永远等不来的，实干才是获得它们的最快途径。实际上，只要你下定决心，不要消极等待，而是积极地面对，主动出击，虽然可能会遭遇失败，但终究会抓到机会，交上好运。

快人一步，就能够抢占先机

在现实生活中，感觉敏锐但行动迟钝的大有人在，他们看到别人成功后会说："早在几年前我就看出这个机会了，只是没有去做。"没有去做，当然要怪自己。没有果敢的行动，一切梦想都只能化作泡影。

蔡大明是温州一个知名度相当高的鞋业公司的老板，他有一个弟弟叫蔡大亮，家住在农村。改革开放之初，兄弟二人凭借特有的市场敏锐力，决定每人办一个制鞋厂。

蔡大明说干就干，在他作出决定后，就马上行动起来，请来了师傅，招聘了工人，买来了机器，采购了原料，不出半个月，蔡大明就把产品推向了市场。而蔡大亮则犹豫不决，行动迟缓，他想先看看哥哥干的结果如何，然后再决定是否行动。

刚开始的时候，蔡大明的制鞋厂办得并不顺利。一会儿市场打不开，产品销路不畅通；一会儿资金出了问题，周转不灵；一会儿财务人员管理跟不上，生产管理混乱；一会儿工资不能按时发放，工人生产的积极性下降，在厂里闹情绪。总而言之，几乎农民企业家创业能遇到的问题蔡大明全遇上了。看到这些，蔡大亮暗自庆幸自己明智，心想：自己多亏没有像哥哥那样立即行动，否则也会像他那样骑虎难下。

蔡大明的制鞋厂的确遇到了未曾料到的一些经营困难，这些困难是任何人创业的时候都可能遇到的。更何况蔡大明是改革开放之初第一批创业打天下的人，那时可供借鉴的创业经验也非常少，一切都要

"摸着石头过河"。但蔡大明并未被困难击垮，凭着顽强的拼搏精神和灵活的头脑，克服了一个又一个困难，在一年之后，他的制鞋厂终于渡过了难关，给蔡大明一个满意的回报。

这时，看到哥哥骄人的业绩，蔡大亮则后悔不迭。他经过痛苦的思考，最终还是办起了自己的鞋厂。然而，先机已失，当蔡大亮办鞋厂的时候，全国鞋厂如雨后春笋一样在温州、石狮、青岛、成都等地出现。蔡大明的鞋厂就早办了一年，这一年时间为他赢得了众多的客户和市场，而蔡大亮至今仍客户寥落。到2000年蔡大明已在全国建起了自己的庞大行销网络，拥有资产数亿元，而蔡大亮由于没有订单，没有自己的营销网络，他只能为哥哥的鞋厂进行加工，资产连哥哥的1%都不到。

这就是立即行动和迟疑不决的巨大差别。兄弟俩同时看到了机会，几乎同时作出了相同的创业决定。不同的是，蔡大明的行动准则是说干就干，蔡大亮的行动准则则是在有了八九成的把握后再动手。蔡大明的行动准则是非常积极的，尽管他的行动没有十足的把握，但他的行动本身就可以弥补行为的缺陷，因而成功率非常高；蔡大亮的行动准则表面上看起来很稳妥，但这种稳妥往往以失去机会作为巨大的代价。

在一百个把握机会却失败的事例中，至少有一半以上是因为做事不够果断导致的。要想把握住难得的机会，就要在机会面前果断决策、果断抓牢。我们反对做事一味地蛮干瞎干，但我们更赞成、更支持、更强调瞅准机会，有了创业设想和计划就毫不迟疑立刻行动。

能够抓住机会的人，下决心时十分果决，而且在执行过程中决不轻易更改决定，不管外界环境如何恶劣都坚守决定。这样的人不仅能够抢占先机，而且还能创造出越来越多的机会。

坐等机遇不如创造机遇

很多人都相信,机会可遇而不可求,所以很多人就把他们宝贵的时间用在等候机会上。其实,如果你有过人的勇气、睿智的头脑、勤劳的双手,那么你也可以创造机会。

有这样一个故事:

一个年轻人靠在一块草地上,懒洋洋地晒着太阳。

这时,从远处走来一个奇怪的东西,它周身发着五颜六色的光,六条腿像船桨一样向前划着,使它的行走十分快捷。

"喂!你在做什么?"那怪物问。

"我在这儿等待机会。"年轻人回答。

"等待机会?哈哈!机会什么样,你知道吗?"怪物问。

"不知道。不过,听说机会是个很神奇的东西,它只要来到你身边,那么,你就会走运,或者当上了官,或者发了财,或者娶个漂亮老婆,或者……反正,美极了。"

"你连机会什么样都不知道,还等什么机会?还是跟着我走吧,让我带着你去做几件对你有益的事吧!"那怪物说着就要来拉他。

"去,去,去!少来添乱,我才不跟你走呢!"年轻人不耐烦地撵那怪物。

那怪物只好一个人离去了。

第三辑　关于未来　每一个不曾起舞的日子，都是对生命的辜负

这时，一位长髯老人来到年轻人面前问道："你为什么不抓住它啊？"

"抓住它？它是什么东西？"年轻人问。

"它就是机会呀！"

"天啊！我把它放走了。不，是我把它撵走了！"年轻人后悔不迭，急忙站起身呼喊机会，希望它能返回来。

"别喊了，"长髯老人说，"我告诉你关于机会的秘密吧。它是一个不可捉摸的家伙。你专心等它时，它可能迟迟不来，你不留心时，它可能就来到你面前；见不着它时，你时时想它，见着了它时，你又认不出它；如果当它从你面前走过时你抓不住它，那么它将永不回头，使你永远错过了它！"

"我这一辈子不就失去机会了吗？"年轻人哭着说。

"那也未必，"长髯老人说，"让我再告诉你另一个关于机会的秘密，其实，属于你的机会不止一个。"

"不止一个？"年轻人惊奇地问。

"对。这一个失去了，下一个还可能出现。不过，这些机会，很多不是自然走来的，而是人创造的。"

年轻人甚是不解。

"刚才的一个机会，就是我为你创造的一个，可惜你把它放跑了。"老人说。

"那么，请您再为我创造一些机会吧！"年轻人说。

"不。以后的机会，只有靠你自己创造了。"

"可惜，我不会创造机会呀。"

"现在，我教你。首先，站起来，永远不要等。然后，放开大步朝前走，见到你能够做的有益的事，就去做。那时，你就学会了创造机会。"

191

人不仅要能把握机会，还要能千方百计地创造机会。善于把握机会，利用机会完成创造是聪明的人，而在这种聪明的基础上创造机会，让机会为我所用则是更加了不起的人。

机会绝非上苍的恩赐，优秀的人不会坐等机会的到来，而是主动创造机会；一个成功人士，绝不是一个逍遥自在、没有任何压力的观光客，而是一个积极投入的参与者，善于创造机会，并张开双臂拥抱机会的人，是最有希望与成功为伍的。

就算概率再小，也要试试

机会只偏爱有准备的头脑。这里的准备包括知识的准备和勇气的准备，在某种意义上说后者更为重要。因为知识和才能就一般人来说并无太大的差别，你毕竟不是天下第一的天才奇才，而不过是一个芸芸众生中的平凡人，因而往往在工作中，要在长期的实践中才能体现出来，而勇气则是你寻求机遇时必不可少的，就是你才能发挥作用的舞台，甚至是你的才能本身。强不强，首先就看你有没有勇气了。下面这个女孩的经历很有说服力和代表性：

我现在从事的这个各方面都不错的工作，细细想来，本应是属于另外一个女孩的。

那年，我在连续几次高考落榜的情况下，只好进了一所民办女子中学教书。教学之余，我一直不停地苦苦寻觅，希望能找到一个更适

第三辑 关于未来 每一个不曾起舞的日子，都是对生命的辜负

合自己的去处。

然而，由于我刚刚从闭塞的乡村，独自闯进小城，没有亲友，没有"关系"；而报纸上众多的招聘广告，每每也令我这个职业高中毕业生望而却步。当时，同我一起在那所民办女子中学共事的还有一位女孩，是某名牌大学中文系毕业生。她由于在机关工作得不太顺心，一气之下走了出来，之后又没有合适的去处，后悔得不行，只好屈就做一名临时教书匠。

一次，劳动局人才交流中心的两位工作人员来找她，要她交纳档案代管费（她的个人档案由交流中心代管）。闲谈之间，其中一位向她提到，有一家大公司需要一名办公室主任，让她去试试。但是她却说："没有熟人，这怎么能成呢？"之后，这个话题他们也就一带而过了。

而我当时就在苦苦寻觅各种可能的机会，听了他们这番话之后，心里不禁一动："我何不去试试？"

下班之后，我问几个要好的朋友："你们说，这件事到底有没有希望？"

"这事即便有希望，那也只有1%的希望，甚至1‰的希望。"

"1%的希望就等于没有希望。"

我呢，我一个晚上没有说话，朋友们的话不断地在心中烦恼着我。

而一个人对于明知没有希望的事，是很难提起劲儿去做的。

可是，真的没有希望吗？真的连一点儿希望都没有吗？！

第二天，我起得很早，天还没亮。人才交流中心那位同志的话，不经意间又响起在我耳边……我忽然觉得自己应该去试试，只当一次演习好了。何况，我心里也觉得希望就是希望，无所谓1%、1‰。

主意一定，我马上找出各种可以证明我的能力的东西：发表在报刊上的文章、获奖证书、报社的优秀通讯员证书等。我决定无论成与

不成，都应该去试试。

现在，我知道该怎么去做了。我所能够努力的、能够发挥的，是这件事的过程，没有"过程"而去谈"结果"，这无疑是空谈。我很详细地排好了这个"过程"的许多细节：先给公司的总经理写了一封自荐信；两天后，在他收到信的时候，我又打去了电话……

终于，我与公司总经理见面了。他不但亲自接待了我，而且还很详细地看了我带去的资料，问了我的情况，他还说："像你这样自己上门来自荐担任这样重要职位的，没有规定的学历和资历，而且又是个农村青年，这在我们这个小城是不多见的。"

停了一会儿，他又说："我还得与公司其他领导成员商量一下，不过现在基本可以定下来了，我看你下周一就来上班吧。"

这是真的？这是真的？！

这当然是真的！

如今，我已成为两个驻京机构的负责人，连同我的男朋友一起从西北小城进入了首都，开拓着事业的新天地……

一个本来属于别人的机会，别人不经意地放弃了，而这个女孩却如获至宝地紧握在手中，并努力地将它实现，这是她人生的一大收获，其意义已远远地超出了事件的本身。相信在她以后的人生中，就是再遇到艰难曲折，她也能积蓄起一股神奇的力量，支撑着她一步一步地去实现自己的目标。

少一些犹豫，便少一些后悔

世界上最可怜又最可悲的人，莫过于那些总是瞻前顾后、不知取舍的人；莫过于那些不敢承担风险、彷徨犹豫的人；莫过于那些无法忍受压力、优柔寡断的人；莫过于那些容易受他人影响、没有自己主见的人；莫过于那些拈轻怕重、不思进取的人；莫过于那些从未感受到自身伟大内在力量的人，他们总是背信弃义、左右摇摆，自己毁坏了自己的名声，最终也一事无成。

他们有时就像一头驴子，在两垛青草之间来回徘徊，欲吃这一垛时，却发现另一垛更嫩更有营养，于是拿不定主意，鲜嫩的草就在面前，可他们非但没吃上一口，最后反而饿死了。

一位朋友，智商一流，执有知名学府硕士文凭，毕业以后决心下海经商。

有朋友建议他炒股，他豪气冲天，但去办股东卡时，他犹豫了："炒股有风险啊，再等等看吧"。于是很多人炒股发了财，等他进入股市时，股市却已经疲软。

又有朋友建议他到夜校兼职讲课，他很有兴趣，但快到上课时，他又犹豫了："讲一堂课才百十多块钱，没有什么意思。"

于是又有朋友建议他创办一个英语培训班，那样可以挣得多一些，他心动了，可转念一想："招不到学生怎么办？"计划就这样又搁浅了，后来当国内某知名英语培训机构上市时,他又懊悔不及。

他的确很有才华,可一直在犹豫不决,转眼很多年过去了,他什么也没做成,越发地平庸无奇起来。

有一天,他到乡间探亲,路过一片苹果园,满眼都是长势茁壮的苹果树。于是禁不住感叹道:"上帝赐予了这世界一块多么肥沃的土地啊!"种树人一听,对他说:"那你就来看看上帝怎样在这里耕耘的吧!"

很多人光说不做,总在犹豫;也有不少人只做不说,总在耕耘。犹豫不决的人永远找不到最好的答案,因为机遇会在你犹豫的片刻失掉;勤于耕耘的人总是收获满满,因为流下的汗水会将生命浇灌得更加鲜艳。

志存高远的人何止千万?但如愿以偿者却寥寥无几!何以?因为有太多的人一直在拖延行动,也不是不想行动,只不过想等上一段时间,谁知道这样一晃就是一生。

那么,你打算什么时候开始行动呢?拥有梦想而不开始行动,最是消磨人的意志。

有时,明明你已经做好计划,考虑过不下十遍,甚至已经作出决定,可是就差那么一点,就差那么一点行动,你却开始畏首畏尾、瞻前顾后,于是行动搁浅了,梦想中断了,久而久之,越来越不相信自己了,尤其是当同时起步的朋友已经实现梦想的时候,那种失落感更是难以名状。

只可惜,我们一再犹豫、一再拖延,到老了才知道:犹豫浪费生命,拖延等于死亡……

真的,无论是谁,无论想干一件什么事,如果优柔寡断、该出手时不出手的话,就会一事无成。而成功的秘诀就在于——形成立即行动的好习惯。有了这样的习惯，我们才会站在时代潮流的前列，而另一些人的习惯是——一直拖延，直到时代超越了他们，结果就被甩到后面去了。

第三章　只要努力，成功也许会迟到，但绝不会缺席

> 实力的高低是事业成功的最基本保证，你的未来能走多远，你能够攀登到什么程度，也大抵取决于此。实力需要不断去培养，半分松懈不得，因为它是资源、是资本、是财富，更是无价之宝。如果你不愿意此生平庸，那么从现在起就要开始努力。

当初不尽力，如今才会不如意

叶子黄了，有再绿的时候；花儿谢了，有再开的时候；鸟儿飞走了，有再飞回来的时候；而生命停止了，却无法再挽回。时间的流逝永不停止，它一步一程，永不回头。时间，它是人们生命中的匆匆过客，往往在我们不知不觉中，便悄然而去，不留下一丝痕迹。人们常常在它逝去以后，才渐渐发觉，留给自己的时间已经所剩无几。也正是如此，才有了古人一声叹息：少壮不努力，老大徒伤悲。

第三辑 关于未来 每一个不曾起舞的日子,都是对生命的辜负

少壮不努力,老大徒伤悲!——也许今天的你,还不能深切体会其中的道理。当有一天,你因为年少时的懒惰而四处碰壁,你自然就会摇头叹息、追悔莫及,然而,那个时候已太晚了,因为已经失去了难得的机会。

青年阶段,是人生最美好的时光,在此期间,一个人的精神和身体状态正处于高峰期,正是刻苦学习,补充新事物,接受世界变化和发展的黄金时期。这个时候,越嫌麻烦,越懒得学,越不愿意付出,日后就越有可能错过让你动心的人和事,错过新风景。相反,如果从一开始就知道打理自己,坚持克服难题,今后的境遇,或许就又是另一番景象了。事实上,面对时间的流逝,每个人都在对自己的人生作出选择:寻欢作乐、无所作为、游戏人生是选择;孜孜不倦、争分夺秒、埋头苦干也是选择。不同的选择会把我们导向不同的生活之路,使人生呈现出不同的色彩与价值。所以,别逞一时之欢乐,那样的话你将遗憾终身,俗话说:"今天你笑,明天就哭;今天你哭,明天就笑。"努力拼搏虽然会让人感到些许痛苦,但因为懦弱和懒惰而留下的遗憾,却不会再有弥补的机会。

混日子很简单,一分一秒就能做到,而想要生活得好一点,想要生命更有价值,就得以努力为铺垫。所以,别再为自己的不努力找理由了,这只会让你越来越甘于平庸。你不知道,在你为一件事情找理由、想懈怠时,很多聪明又努力的人已经在想办法去解决了,这样的话,你很快就会被他们远远地甩在身后。

真正的梦想，需要汗水来浇灌

人生是一座可以采掘开拓的金矿，但总是因为人们的勤奋程度不同，给予人们的回报也不相同。

真正的梦想，需要汗水来浇灌。有耕耘才会有收获，有付出才会有好结果。"成事在人"，这是俗语，也是真理。一件事、一项事业，人是最根本的因素。你用什么样的态度来付出，就会有相应的成就回报你。如果以勤付出，回报你的，也必将是丰厚的。

谢明出生在河北省的一个贫困山村，家中兄弟4个，谢明排行老三。家里穷，父亲又得了重病，负债累累，所以谢明初中没毕业就辍学了。当时大哥、二哥已经成家，家庭重担落在17岁的谢明身上，他发誓要改变自己的命运。

开始干的第一个生意是用自行车贩玉米。他蹬着自行车，跑几十公里到外县收购便宜玉米，驮回家乡转卖，一次驮一百多公斤，能挣十几元钱。骑车时他只能用一只手扶着车把，一旦遇上雨天路滑，十分危险，有一次他就连人带车摔到了十几米深的沟里，差点送命。

第三辑　关于未来　每一个不曾起舞的日子，都是对生命的辜负

除了贩玉米，他还去理发店收头发卖钱，但这些都不能让他有一个稳定的收入，就四处寻找机会。他当时有两个爱好：一是有空就看书，学知识；二是经常听收音机，找信息。

1990年，谢明从别人那里听到安徽合肥有个教做豆腐、豆芽的培训班，就想去学。可父母觉得豆腐难卖，家里也拿不出参加培训需要的200多元钱，就坚决反对。可谢明当时下定决心，背着家里找表兄借了点钱，偷偷去了合肥。

一个星期后，谢明学成回家准备开豆腐房，却遭遇父亲的强烈反对。

开豆腐房需要一些最起码的设备，可不仅他家里没有一点钱，亲戚朋友也都因为他父亲生病被借钱借怕了，不愿再出手帮助。最后，靠着一个朋友的关系，谢明才终于赊了一台小电磨，在家里做起了豆腐。

谢明每天从下午开始忙活到第二天凌晨，一个人能做50多公斤豆腐，然后用扁担挑着豆腐走村串户去卖。瘦弱的肩膀被扁担磨破、结疤，然后再被磨破、再结疤。

寒来暑往，一年四季不管刮风下雨，他几乎没有休息过。豆腐扁担，谢明一挑就是4年，不但帮家里还清了债务，自己也在亲戚朋友面前挺直了腰板。

后来，谢明在妻子的支持下学做面包。学成之后，在县里开了一家面包房，赚了第一桶金。

为了生意的发展，谢明每年都要抽时间到南方大城市学习新技术。

2000年,谢明在大城市里看到了开超市的商机,在县城办起了县里的第一家超市。

由于商机抓得准,服务又周到,谢明的超市赢得了空前的成功。在短短4年的时间里,他的超市从本县开到了外县,数量从1个增加到了6个,总面积从不足210平方米到现在的5000多平方米,拥有职员1400多人,资产达1000多万元。

现在,谢明涉足家具家电行业,投资将县城的老电影院改建成为远近最大的家具家电商场,并计划兴建自己的商务大厦。

外国人说:"贪睡的狐狸抓不到鸡。"中国人说:"早起的鸟儿有虫吃。"这些其实都是告诫我们要勤奋踏实。所有的成功都是用汗水和血浸泡着的,每一个成功者都付出了不菲的代价。

努力让自己成为有价值的人

这个世界缺少的东西很多,但肯定是不缺人的,如果你对别人来说是无甚大用的,那么你肯定得不到器重。所以说,一个人要想活得更加多姿多彩,若想得到别人的重视,若想在工作中有所建树,首先就要提升自己的能力。

第三辑 关于未来 每一个不曾起舞的日子，都是对生命的辜负

打个比方。如果你是一颗夜明珠，遗落在黑暗之中，路人经过必然会俯腰拾起，并将你好好珍藏起来；相反，倘若你只是一块平凡无奇的石头，相信就不会得到路人的眷顾了，甚至还会因为碍事，被人踢上两脚。道理很简单，夜明珠之所以被拾起，是因为路人看到了它的光芒，它具有一定的价值，对路人有益；石头之所以被置之不理，是因为它毫不起眼，它的用处太小，捡在手里反而是一种负累。所以我们强调，要想使自己得到别人的重视，首先就要让自己拥有傲人的资本。

秦朝时期，有一个名叫程邈的县城狱吏，主要负责撰写文书一类的差事。程邈其人性情耿直，得罪了秦始皇，被打入了云阳县的大狱。他在狱中百般无聊、度日如年，于是喜欢舞文弄墨的他突发奇想：如此浪费时光着实可惜。当下通行的小篆，字画繁杂难写，何不把它改造一下？干出一番事业，以求赦免罪过。

此后，程邈开始在狱中埋头整理文字，经过 10 年的精心钻研，他将小篆化圆为方，把象形"笔画化"，变繁为简，化难为易，这便是隶书，总共有 3000 字。秦始皇看了程邈整理的文字，非常高兴，不仅赦免了程邈所犯的罪行，还让他出来做官，提升为御史。后来，因为秦代公书繁杂，篆字难写，就采用了隶字。又因为底层的官吏多用这种字体书写公文，所以称为隶书。

10 年身陷囹圄，对一般人而言，无疑是一种莫大的灾难与不幸！但程邈却因祸得福，这是为何？答案其实很简单——程邈为自己证明了价值。他所发明的隶书，对秦始皇有所用，能够帮助秦始皇减轻

203

"工作负担",所以他才得以释放,又受到了重用。

职场上同样如此。老板雇佣员工,其根本目的是要你为他创造价值。所以说,你受到何种待遇,完全取决于你能为他创造多少价值。你所创造的价值越大,那么你在他心目中的地位就会越高;反之,若是你不思进取,躺在些许功绩上面"睡懒觉",你的地位就一定会逐渐被他人所替代。因而,那些志在干出一番成绩的人从不会"犯懒",他们总是不断地提升自己的价值,是故,这类人大多是职场上的"常青树"。

其实,我们读书、考研、读博、留学,无一不是在增加自己的你的价值有多高,将决定你将来的位置有多高。

比别人多做点,机会就会更多点

率先主动能使人变得更加敏捷、更加积极。无论你是管理者,还是普通职员每天多做一点,你的机会就会更多一点。

每天多做一点,也许会占用你的时间,但是,你的行为会使你赢得良好的声誉,并增加他人对你的需要。

对卡尔来说,一生影响最深远的一次职务提升,就是由一件小事情引起的。

一个星期六的下午,有位律师走进来问他,哪儿能找到一位速记员来帮忙——手头有些工作必须当天完成。

卡尔告诉他,公司所有速记员都去观看球赛了,如果晚来5分钟,自己也会走。但卡尔同时表示自己愿意留下来帮助他,因为"球赛随时都可以看,但是工作必须在当天完成。"

做完工作后,律师问卡尔应该付他多少钱。卡尔开玩笑地回答:"哦,既然是你的工作,大约800美元吧。如果是别人的工作,我是不会收取任何费用的。"律师笑了笑,向卡尔表示谢意。

卡尔的回答不过是一个玩笑,并没有真正想得到800美元。但出乎卡尔意料,那位律师竟然真的这样做了。6个月之后,在卡尔已将此事忘到九霄云外的时候,律师却找到了他,交给他800美元,并且邀请卡尔到自己公司来工作,薪水比现在高出800多美元。

一个周六的下午,卡尔放弃了自己喜欢的球赛,多做了一点事情,最初的动机不过是助人为乐,完全没有金钱上的考虑。但却为自己增加了800美元的现金收入,而且为自己带来一项比以前更重要、收入更高的职务。

每天多做一点,初衷也许并非为了获得报酬,但往往获得得更多。

付出多少,得到多少,这是一个众所周知的因果法则。也许你的投入无法立刻得到相应的回报,也不要气馁,应该一如既往地多付出一点。回报可能会在不经意间,以出人意料的方式出现。最常见的回报是晋升和加薪。除了老板以外，回报也可能来自他人，以一种间接的方式来实现。

做一点分外工作其实也是一个学习的机会，多学会一种技能，多熟悉一种业务，对你是有利无害的。同时这样做又能引起别人对你的关注，何乐而不为呢？

想要不被取代，就要不可替代

进入 21 世纪，职场对于我们提出了更高要求，它要求每一位职场员工，必须具备良好的道德、忠诚度、专业技能……即必须在综合素质方面表现突出。倘若你无法做到，很遗憾，你的职业发展必然会遭遇桎梏，你永远也不会成功！

反之，如果你能够承担起自己的职责，在工作中积极进取，恪守职业道德，你就会成为一名不可替代的人才，就会令老板割舍不下，你的价值、薪金、职位、团队影响力等，都会随之得到大幅提升。如此一来，你必然能够更快捷地实现自己的人生目标。

一位成功学家曾聘用一名年轻女孩当助手，替他拆阅、分类信件，薪水与相关工作的人相同。有一天，这位成功学家口述了一句格言，

第三辑　关于未来　每一个不曾起舞的日子，都是对生命的辜负

要求她用打字机记录下来："请记住：你唯一的限制就是你自己脑海中所设立的那个限制。"

她将打好的文档交给老板，并且有所感悟地说："你的格言令我深受启发，对我的人生大有价值。"

这件事并未引起成功学家的注意，但是，却在女孩心中打上了深深的烙印。从那天起她开始在晚饭后回到办公室继续工作，不计报酬地干一些并非自己分内的工作——譬如替老板给读者回信。

她认真研究成功学家的语言风格，以至于这些回信和自己老板写的一样好，有时甚至更好。她一直坚持这样做，并不在意老板是否注意到自己的努力。终于有一天，成功学家的秘书因故辞职，在挑选合适人选时，老板自然而然地想到了这个女孩。

在没有得到这个职位之前已经身在其位了，这正是女孩获得提升最重要的原因。当下班的铃声响起之后，她依然坚守在自己的岗位上，在没有任何报酬承诺的情况下，依然刻苦训练，最终使自己有资格接受更高的职位。

故事并没有结束。这位年轻女孩能力如此优秀，引起了更多人的关注，其他公司纷纷提供更好的职位邀请她加盟。为了挽留她，成功学家多次提高她的薪水，与最初当一名普通速记员时相比已经高出了5倍，对此，做老板的也无可奈何，因为她不断提升自我价值，使自己变得不可替代了。

这个事情告诉我们，只有在工作中打造自己的不可替代性，才能在岗位上创造最大的价值，继而成为公司的顶梁柱、行业领域里的精

英、专家。只有这样，你才能为你的职业生涯发展，奠定坚实而强大的基础。

只要肯努力，没人能阻止你前进

任何一条路，都是我们自己的双脚走出来的，任何的梦想，都是我们用自己的双手去实现的。不经你的同意，没有人能够阻止你去梦想、去攀登，只要你坚持自己的梦想，你就会取得连自己都感到骄傲的成功和胜利。

卡尔·卡拉布尔是一位黑人，他的梦想是当一名潜水员，并且得到"一级军士长"勋章。16岁时他成了一名海军，欣喜自己向着梦想迈出了第一步。可接下来的事，令他倍感沮丧，因为他是黑人，除了周五可以下海游泳，其余时间只能在厨房干活。

于是他写了几千封申请书，要求去新泽西州的潜水员学校，而不是待在厨房里。他的执着终于感动了教官，教官给他写了一封推荐信，恳请那里的校长接纳这个优秀的黑人士兵。可是，有严重种族歧视的校长，表面上收下了卡尔，私下里却打定主意：绝不让卡尔当上潜水员！

第三辑　关于未来　每一个不曾起舞的日子，都是对生命的辜负

　　第一次理论考试，卡尔考了37分，校长警告他说，下次再不及格，开除！周末，士兵们开车去镇上喝酒、狂欢，卡尔以打扫卫生作为交换条件，请求图书馆管理员，允许他48小时待在这里学习。经过刻苦努力，第二次考试，卡尔考了94分。

　　潜水课上，白人士兵的潜水时间是3分钟，可校长故意刁难他，把他的时间延长。结果，卡尔在海水里潜了足足5分钟，安然无恙。

　　终于要毕业考试了，也是最难的一关，卡尔信心十足。冬日的上午，海面上冷风飕飕，校长喷着满嘴的雾气说："你们潜到300米的海底后，将给你们沉入一个工具包，你们必须组装好包里的零件，送上甲板，然后才能拿到毕业证书。"

　　别的士兵3分钟之内，顺利完成了任务，被拉上了甲板。可是，卡尔的工具包却被刻意用利刃割破，扔进海里。那些小零件，天女散花般散落在黑暗幽深的海底，卡尔必须将它们一个一个从沙子、淤泥里找寻出来，才能安装。

　　天渐渐黑了，卡尔依旧待在冰冷的海底。9个小时后，卡尔发出讯号，将组装好的成品，送到了校长面前。

　　被拉上甲板的卡尔虚弱不堪，瑟瑟发抖，但他顽强地完成了任务，校长不得不颁发给他潜水员毕业证书。卡尔成为美国第一位黑人潜水员，且极其出色和优秀。不久，被授予"二级军士长"军衔。又奋斗9年后，卡尔成为美国海军第一位黑人一级军士长。

　　凡事只要认真，就会梦想成真。不管人生的起点多低，只要矢志

不渝、刻苦磨炼、百折不回，就有希望登上梦想之巅。

除了你自己，没有人能阻碍你前进的步伐。这是我们人生最大的价值，也是一条少有人走的路，遵从内心，不理会任何的流言蜚语，不回避遇到的所有障碍，勇往直前，你的路总会平坦。这不是自欺欺人，而是一条用无数次事实证明过的真理。

第四章　现在流下的泪水，都是当初胆怯的懊悔

通往成功的道路上荆棘丛生，危险密布，这也是件好事，常人望而却步，只有意志坚强的人例外。在一扇扇成功的大门准备为你敞开时，不要因为害怕而丢失成长的机会，不要因为胆怯而错过步入成功门槛的契机。

因为胆怯，我们常常一无所获

在胆小怕事和优柔寡断的人眼中，一切事情都是不可能办到的，因为乍看上去似乎如此。

一个园艺师向一个日本企业家请教："社长先生，您的事业如日中天，而我就像一只蝗蚁，在地里爬来爬去的，一点没有出息，什么时候我才能赚大钱，能够成功呢？"

企业家对他说："这样吧，我看你很精通园艺方面的事情，我工厂旁边有2万平方米空地，我们就种树苗吧！一棵树苗多少钱？"

"50元。"

企业家又说："那么以一平方米地种两棵树苗计算，扣除道路，2万平方米地大约可以种2.5万棵，树苗成本是125万元。你算算，5年后，一棵树苗可以卖多少钱？"

"大约3000元。"

"这样，树苗成本与肥料费都由我来支付。你就负责浇水、除草和施肥工作。5年后，我们就有上千万的利润，那时我们一人一半。"企业家认真地说。

不料园艺师却拒绝说："哇！我不敢做那么大的生意，我看还是算了吧。"

一句"算了吧"，就将摆在眼前的机会轻易放弃，每个人都梦想着成功，可又总是白白放走了成功的契机。成功，显然是需要胆识的。

其实，每个人都有好运降临的时候，但他若不及时注意或竟顽固地抛开机遇，那就并非机缘或命运在捉弄他，这要归咎于他自己的疏懒和荒唐，这样的人最应抱怨的其实是自己。机遇对于每个人来说都是平等的，问题是，它来了，你又在做什么、想什么？

我们身边每天都会围绕着很多的机会，包括爱的机会。可是我们经常像故事里的那个人一样，总是因为害怕而停止了脚步，结果机会就这样偷偷地溜走了。那么现在想一想，细数一下，这些年来你都因为胆小失去了什么？此刻，在你的生命里，你想做什么事，却没有采取行动；你一直有个目标，却没有着手开始；你想承担某些风险，却没有勇气去冒险……这些，恐怕多得连你自己都数不清吧？也许一直以来你都在渴望做这些事，却一直耽搁下来，是什么因素阻止了你？是你的恐惧！恐惧不只是拉住你，还会偷走你的热情、自由和生命力。是的，你被恐惧控制了决定和行为，它在消耗你的精力、热忱和激情，

212

你被套上了生活中最大的枷锁，就是活在长期的恐惧里——害怕失败、改变、犯错、冒险，以及遭到拒绝。这种心理状态，最终会使你远离快乐，丢失梦想，丧失自由。但你如果能够远离了恐惧、远离了懒惰、远离了无知、远离了坏习惯，你就会很快远离平庸与贫穷！

不敢向前一小步，就要落后一大步

　　胆小退缩的人总是缺乏主动性、勇气和信心，所以可能一再错过原本属于自己的成功和幸福。

　　我们无论做什么事，都应该先为自己争来机会。机会抢到手，成功的可能已有了一半。有了这种敢于行动的心态，才会使我们成为一个挑战者，愿意尝试新行为，愿意接触陌生人，愿意做陌生的事，愿意探索未知的领域。这样，我们就不会太安于现状，也不会留恋过去，不会让知足与惰性主导我们的行为。

　　乔治和约翰是从小一起长大的朋友，他们的家在约克小镇。约翰胆大心细，敢作敢为；而乔治不爱表现，办事有点缩手缩脚。两个人都顺利地进入了伦敦的大学，而且是同一所大学的同一个专业。

　　这天，乔治感到身体有些不舒服，约翰就陪他去医院。在前往医院的路上，乔治突然发现一个非常熟悉的面孔，他连忙拉住约翰，低声说："约翰，你快看，那是总理。"

　　此时，二人与总理之间的距离大概50米左右，总理正和几位官员及记者一边走路一边探讨着什么。片刻之后,总理一行人走到了他们身边,乔治和约翰有点不知所措,乔治更是有些害怕地低下了头。总理来到乔治面前,看了看乔治,然后目光落在乔治胸前的校徽上,说:"这是一所不错的学校!"这时的乔治,不知是激动还是害羞,竟然傻乎乎地看着总理,一句话也说不出来。约翰却上前一步,注视着总理,说道:"总理先生,您好。"总理亲切地将手放在约翰的肩上,鼓励道:"年轻人,要善于学习,敢于突破,国家的未来是你们的!"

第二天,多家媒体的头条刊登的都是总理与约翰在一起的照片,许多传媒对约翰进行了专题采访。朝夕之间,约翰火了起来,成了名人,学校也把总理与约翰的照片作为一种荣誉收藏到了档案馆里。这时,很多同学惋惜地对乔治说:"乔治,你错过了一个非常好的成名机会,太遗憾了,但你可以补救的。你应该立刻拿起笔,将你见到总理的情形写出来,送到报社去发表,这样也可以提高你的知名度。"乔治觉得校友的话很有道理,可拿起笔又不知道该写什么,因为自己自始至终没有和总理说过一句话,这件事慢慢就被搁置了下来。

因为已经有了名气,约翰大学毕业以后非常顺利地找到了一份相当不错的工作,而且他有胆有识又愿意努力,没过几年就进入了公司的决策层,生活过得非常惬意。乔治毕业以后回到了小镇,做了一名邮递员,艰苦的工作之余,乔治常常会想,如果自己当年向前跨出那一小步,如今的生活是不是会向前跨越一大步呢?或许,自己真的错过了人生最好的一步棋。

有时候,我们会为一个人或者一件事情而遗憾终身;有时候我们会为了某个目标而等待一生。其实,你当初完全可以使事情朝着另外一个方向发展,只要勇敢地迎上去、勇敢地做事情、勇敢地想问题,关键是勇敢地做自己,这样就能做到人生无怨无悔。

财富有时离你很近，可你却躲开了

这世间的很多东西，尤其是机遇和成功，都更青睐于有想法又有行动的人。如果说一个人立意坚定，要永远地摆脱贫困，一往无前地去争取"富裕"与"成功"，那么财富只会离他越来越近；如果一个人安于命运，视平庸为生命常态，没有挣脱平庸的欲望，那么他身体中原本所潜伏的能量也会失去效能，他的一生将永远无法告别平庸。

其实每个人成功的机会都是相等的，只不过那些有想法、具备胆识、勇于行动的人比平常人更容易抓住罢了。你或许有过梦想，甚至有过机遇，有过行动，但你为什么还没能成功？因为你没勇气像人家那样做事。

如今，从市值上看，苹果电脑公司已经成为超级企业。一直以来，大家都只知道已故的乔布斯先生是苹果公司的创始人，其实在30多年前，他是与两位朋友一起创业的，其中一名叫惠恩的搭档，被美国人称为"最没眼光的合伙人"。

惠恩和乔布斯是街坊，两个人从小都爱玩电脑。后来，他们与另一个朋友合作，制造微型电脑出售。这是又赚钱又好玩的生意。所以三个人十分投入，并且成功地制造出了"苹果一号"电脑。在筹备过程中，他们用了很多钱。这三位青年来自于中下阶层家庭，根本没有什么资本可言，于是大家四处借贷，请求朋友帮忙。三个人中，惠恩最为吝啬，只筹得了相当于三个人总筹款的十分之一。不过，乔布斯并没有说什么，仍成立了苹果电脑公司，惠恩也成为了小股东，拥有了苹果公司十分之一的股份。

"苹果一号"首次出现便大受市场欢迎，共销售了近10万美元，扣除成本及欠债，他们赚了4.8万美元。在分利时，虽然按理惠恩只能分得4800美元，但在当时这已经是一笔丰厚的回报了。不过，惠恩并没有收取这笔红利，只是象征性地拿了500美元作为工资，甚至连那十分之一的股份也不要了，便急于退出苹果公司。

当然，惠恩不会想到苹果电脑后来会发展成为超级企业。否则，即使惠恩当年什么也不做，继续持有那十分之一的股份，到现在他的身价也足以达到10亿美元了。

那么，当年惠恩为什么会愿意放弃这一切呢？原来，他很担心乔布斯，因为对方太有野心，他怕乔布斯太急功近利，会使公司负上巨额债务，从而连累了自己。

惠恩在放弃与乔布斯一起做事的同时，也就宣告与成功及财富擦肩而过了。可以说，这件事给像惠恩一样胆小怕事的人深深上了一课，它在毫不掩饰地嘲笑那些没有胆量的人：你不富有，因为你不配拥有！只有那些敢于承担风险的人，才能比别人获得更多的额外机会！

勇气和机会之间的关系是显而易见的，因为风险和收益往往是同时存在的。不管做什么，风险都是客观存在的，追求成功本身就是一个需要面对风险、征服风险的过程，而且在一般情况下，风险越大，回报也就越大。因此，勇气的有无和大小，往往是成功和失败之间的分界线。敢想敢干，敢于拼搏，这是成功必备的魄力！我们也想成功，也能敏锐地发现成功的机会，但就是不敢行动，害怕失败，不能果断地抓住机遇，结果一个个成功的机会从我们身边溜过。

一时胆小逃避，一辈子追悔莫及

　　习惯逃避现实的人，永远也无法获得成功。生命中总有这样或那样的挫折，只有勇敢面对，才能真正地享受生活。不管结局怎样，都不要做一个逃避的人。

　　他相貌平平，毕业于一所毫无名气的专科院校，在各个来自名牌大学、头上顶着硕士、博士光环的应聘者中，他的表现却像是一个麻省理工大学留学生。

　　尽管他表现自信，但面试官还是给了他一个无情的答复：他的专业能力并不足以胜任这个职位。这是事实。

　　他在得知自己被淘汰出局以后，显得有点失望、尴尬，但这个表情转瞬即逝，他并没有马上离开，而是笑了笑对面试官说："请问，您是否可以给我一张名片？"

　　面试官微微愣了一下，表情冷冷的，他从内心里对那些应聘失败后死缠烂打的求职者没有好感。

　　"虽然我不能幸运地和您在同一家公司工作，但或许我们可以成为朋友。"他解释说。

　　"你这样认为？"面试官的口气中带了一点轻视。

　　"任何朋友都是从陌生开始的。如果有一天你找不到人打乒乓球，可以找我。"

面试官看了他一会儿，掏出了名片。

那个面试官确实很喜欢打乒乓球，不过朋友们都很忙，他经常为找不到伴儿打球而烦恼。后来，面试官和那个面试者成了朋友。

熟悉了以后，面试官问面试者："你不觉得自己当时提的要求有点过分吗？你当时只是一个来找工作的人，你不觉得你自我感觉太好了点吗？"

他说："我不觉得，在我看来，人与人之间是平等的。什么地位、财富、学历、家世于我而言没有意义。"

面试官笑了，他甚至觉得这个朋友有点酸得可爱，他笑着问："要是当初我不理你，你怎么下台？"

"我可能没法下台，但我不允许自己不去尝试。其实很多人不敢去做一些事情，并不是害怕失败本身，而是失败以后的尴尬，人们觉得这很丢脸。可是，真正丢脸的并不是失败，而是不敢去开始。"

接着他说："大学的时候，我曾经非常喜欢一个女孩，可是我一直害怕被她拒绝，怕她说'你是一个好人……'如果这样我会无地自容。所以大学那4年，我只敢远远地看着她，后来我偶然得知，她以前一直对我有好感，只是此时她已经找到了真正的归宿，我错过了本该属于我的幸福！"

"这是我迄今为止最大的遗憾，它是那样令我懊悔、心痛。自此以后，每每怯懦、退缩的念头冒出来时，我就会以此来告诫自己，不要怕可能出现的失败。否则，还是会一次次地错过。现在，我已经可以敢于迎向一切了，不管前面是一个吸引我的女孩儿，还是万人大会的讲台，我都会毫不迟疑地迎上去，虽然我知道这可能会失败，虽然我知道自己也许还不够资格。"

永远不要认为可以逃避，你所走的每一步都决定着最后的结局。

面对，是人生的一种精神状态。想要成为一个什么样的人物，获得什么样的成就，首先就要敢于去迎上去，只有面对了才可能拥有。即使最后没能如愿以偿，至少也不会那么遗憾。

顾虑太多，失掉的机会就很多

有个朋友说，自己的工作很没有前途，他一直都想走，但一直没下这个决心，心里很不甘心，因为他顾虑太多。现在成了家，有了孩子，就更不敢轻举妄动了，也许这样就一辈子了。不甘心却无奈！

顾虑太多，永远不能迈出向前突破的艰难一步，不能给自己的未来做决定，也就只能混一辈子。所以，不要顾虑太多，确定了要做什么就勇敢地去做，这样既避免浪费时间，又免得伤神。谨慎一点固然没错，但过度的谨慎就成了畏缩。有的事错过了可以重来，然而，有的事一旦错过，就不可能再有第二次。

一位中国留学生应聘一位著名教授的助教。这是一个难得的机会，收入丰厚，又不影响学习，还能接触到最新科技资讯。但当他赶到报名处时，那里已挤满了人。

经过筛选，取得考试资格的各国学生有30多人，成功希望实在渺茫。考试前几天，几位中国留学生使尽浑身解数，打探主考官的情况。几经周折，他们终于弄清内幕——主考官曾在朝鲜战场上当过中国人的俘虏！

中国留学生这下全死心了，纷纷宣告退出："把时间花在不可能的事上，再愚蠢不过了！"

这位留学生的一个好朋友劝他："算了吧！把精力匀出来，多刷几个盘子，挣点儿学费！"但他没听，而是如期参加了考试。最后，他坐在主考官面前。

主考官考察了他许久，最后给了他一个肯定的答复："OK！就是你了！"接着又微笑着说，"你知道我为什么录取你吗？"

年轻留学生诚实地摇摇头。

"其实你在所有应试者中并不是最好的，但你不像你的那些同学，他们看起来很聪明，其实再愚蠢不过。你们是为我工作，只要能给我当好助手就行了，还扯几十年前的事干什么？我很欣赏你的勇气，这就是我录取你的原因！"

后来，年轻留学生听说，教授当年是做过中国军队的俘虏，但中国兵对他很好，根本没有为难他，他至今还念念不忘。

许多人的脑子太复杂，总爱自作聪明，认为机遇总是属于那些最聪明、最优秀的人才，轻易否定自己，结果浪费了机遇，因此，他们往往还没有走到挑战的边缘就从心理上败下阵来。不如想得简单一些，尝试一下再说。也许，好运就在突破顾虑的那一扇门后面。

在机遇面前，不应因风险而退缩

在我们的生命中，很多机会都只有一次，失去了它，你便失去了一种生活；得到它，你的命运或许就得到改变。

一个人要想把握住机遇，掌握自己的命运，除了具备独立的个性以外，更需要培养一种果断的个性。性格果断的人能抓住机遇，而优柔寡断的人就会失去机遇。

在选择面前、在机遇面前、在困惑面前、在众人面前需要决策时，果断，会显得难能可贵。果断，是一种性格，也是一种气质，它会让身边的人体验到雷厉风行的快感。果断更是一种意境，只有果断行事、当机立断的人，才会让人钦佩、羡慕、依赖并从中获得安全感。

美国的钢铁巨头卡内基就是一个性格果断，善于把握机遇的人。

卡内基预料到，南北战争结束之后，经济复苏必然降临，经济建设对于钢铁的需求量便会与日俱增。

于是他义无反顾地辞去铁路部门报酬优厚的工作，合并由他主持的两大钢铁公司——都市钢铁公司和独眼巨人钢铁公司成立了联合制铁公司。同时，卡内基让弟弟汤姆创立匹兹堡火车头制造公司和经营苏必略铁矿。

当时，美国击败了墨西哥，夺取了加利福尼亚州，决定在那里建造一条铁路，同时，美国规划修建横贯大陆的铁路。

几乎没有什么投资比铁路更加赚钱了。

联邦政府与议会首先核准联合太平洋铁路，再以它所建造的铁路为中心线，核准另外三条横贯大陆的铁路线。

但一切远非如此简单，纵横交错的各种相连的铁路建设申请纷纷提出，竟达数十万之多，美洲大陆的铁路革命时代即将来临。

"美洲大陆现在是铁路时代、钢铁时代，需要建造铁路、火车头、钢轨，钢铁是一本万利的。"卡内基这么思索。

不久，卡内基向钢铁发起进攻。在联合制铁厂里，矗立起一座22.5米高的熔矿炉，这是当时世界上最大的熔矿炉，对它的建造，投资者都感到提心吊胆，生怕将本赔进去一无所获。

但卡内基的努力让这些担心成为杞人忧天。他聘请化学专家驻厂，检验买进的矿石、灰石和焦炭的品质，使产品、零件及原材料的检测系统化。

在当时，从原料的购入到产品的卖出，往往显得很混乱，直到结账时才知道盈亏状况，完全不存在什么科学的经营方式，卡内基大力整顿，实施了层次职责分明的高效率的管理，使生产水平大为提高了。

同时，卡内基买下了英国道兹工程师"兄弟钢铁制造"的专利，又买下了"焦炭洗涤还原法"的专利。

他这一做法不乏先见之明，否则，卡内基的钢铁事业就会在不久的经济大萧条中成为牺牲品。

爱略特说过："世上没有一个伟大的业绩是由事事都求稳操胜券的犹豫不决者创造的。"果断地作出决策，把握机会，是成功者必备的素质之一。只有果敢决断的人，才能迅速把握来之不易的机遇，获得成就人生的辉煌。

第三辑 关于未来 每一个不曾起舞的日子，都是对生命的辜负

第五章　你可以慢，但不能停

世上没有攀不过去的山，同样没有解决不了的问题，只要你不肯让自己倒下，就没有任何一种力量可以将你打倒，每每苦难来袭，只要你不放弃，它就一定能过去。只要你愿意努力，总有一条路可以到达你想去的远方，成为你想成为的自己。

我们在路上，梦想就在路上

曾看到这样一行字，不禁怦然心动——

"只要你还在走。"

是啊，只要你还在走，前路的风光便可以属于你；只要你还在走，你就可能成为走在最前面的人；只要你还在走，你就还可能到达你梦寐以求的目的地……只要你还在走……

并不怎么苛求你，只要求你还在走就够了。不要说你还拥有万贯财富，不要说你还有显赫的出身，不要说你还有鼓噪远近的威名……只对你作最低的期求——只要你还在走，脚还在向前迈出——没有停下。

勒格森的旅程源自于一个梦想——他希望能像心目中的英雄亚伯拉罕·林肯、布克·T．华盛顿那样，为他自己和自己的种族带来尊严和希望；能像心目中的英雄一样，为全人类服务。不过，要想实现这个目标，他必须去接受最好的教育，他知道那必须要前往美国。

他未曾想过自己毫无分文，也没有任何的办法支付船票。

他未曾想过要上哪所大学，也不知道自己会不会被大学所接受。

他未曾想过这一去便要走3000英里之遥，途经上百部落，说着50多种语言，而他，对此一窍不通。

他什么都未多想，只是带着自己的梦想出发了。在崎岖的非洲大地上，艰难跋涉了整整5天，勒格森仅仅行进了25英里。食物吃光了，水也所剩无几，他身无分文。要继续完成后面的2975英里似乎不可能了。但他知道，回头就是放弃，就是要重归贫穷和无知。他暗暗发誓：不到美国我誓不罢休，除非我死了。

他大多时候都席天幕地，他依靠野果和植物维生，艰难的旅途生活使他变得又瘦又弱。

一次，他发了高烧，新亏好心人用草药为他治疗，才不致有生命危险，这时的勒格森几欲放弃，他甚至说："回家也许会比继续这似乎愚蠢的旅途和冒险更好一些。"但他并没有这样做。

两年以后，他走了近1000英里，到达了乌干达首都坎帕拉。此时，他的身体也在磨炼中逐渐强壮起来，他学会了更明智的求生方法。他在坎帕拉待了6个月，一边干点零活，一边在图书馆贪婪地汲取知识。

在图书馆中，他找到一本关于美国大学的指南书。其中一页插图深深吸引了他。那是群山环绕的"斯卡吉特峡谷学院"，他立即给学院写信，述说自己的境况，并向学院申请奖学金。斯卡吉特学院被这个年轻人的决心和毅力感动了，他们接受了他的申请，并向他提供奖学金及一份工作，其酬劳足够支付他上学期间的食宿费用。

勒格森朝着自己的理想迈进了一大步，但更多的困难仍阻挡着他。

要去美国，勒格森必须办下护照和签证，还需证明他拥有可往返美国的费用。勒格森只好再次拿起笔，给童年时教导过自己的传教士写了封求助信，护照问题解决了，可是勒格森还是缺少领取签证所必须拥有的那笔航空费用。但他并没有灰心，他继续向开罗行进，他相信困难总有办法解决。他花光了所有积蓄买来一双新鞋，以使自己不至于光着脚走进学院大门。

几个月以后，他的事迹在非洲以及华盛顿佛农山区传得沸沸扬扬，人们被他这种坚毅的精神感动了，他们给勒格森寄来650美元，用以支付它来美国的费用。那一刻，勒格森疲惫地跪在了地上……

经过两年多的艰苦跋涉，勒格森终于如愿进入了美国的高等学府，仅带着两本书的他骄傲地跨进了学院高耸的大门。

故事到这里还没有结束，毕业后的勒格森并没有停止自己的奋斗。他继续深造，最后成为英国剑桥大学的一名权威学者。

换作是你，能做得到吗？从遥远且交通不发达的非洲一路艰辛跋涉、风餐露宿、食不果腹，完全是凭着毅力实现了梦想。倘若人人都有这种精神，世界上还有什么事情能够难倒我们？

只要你还在走，希望便会属于你，成功便会属于你，杰出便会属于你……只要你还在走，生命便属于你，明天便属于你，道路便属于你……尽管此时的你，可能一无所有，可能微不足道。

只要你还在走！

应该坚持的一定要坚持下去

　　挫折，我们难以避免，这是毫无疑问的事情。而在失败重重打击之下，最简单、最合乎逻辑的做法就是放手不干——大多数人都是这样想的，也是这样做的。这，给我们带来了什么？——我们可能已经通过一些努力走到了今天这个程度，但不幸的是，恰恰是由于某个逆境，我们的心软弱了，我们放弃了努力，我们停止了一切行动。于是，我们之前的一切辛苦统统付诸东流……成功最怕的就是这个！如果说一个人每每树立一个目标，又每每只做一点点，每每遇到哪怕是一丁点儿的挫折，就打退堂鼓，那么终其一生这个人也难以干出一番成就。

　　所以，坚持很重要，一个人无论想做成什么事，坚持都是必不可少的，坚持下去，才有成功的可能。说起来，我们坚持一次或许并不难，难的是一如既往地坚持下去，直到最后获得成功。但是，如果我们这样做了，恐怕就没有什么事情能够难倒我们了。

　　多年以前，富有创造精神的工程师约翰·罗布林雄心勃勃地想要着手建造一座横跨曼哈顿和布鲁克林的桥。然而桥梁专家们却说这计划纯属天方夜谭，不如趁早放弃。罗布林的儿子华盛顿，是一个很有前途的工程师，也确信这座大桥可以建成。父子俩克服了种种困难，在构思着建桥方案的同时也说服了银行家们投资该项目。

然而桥开工仅几个月，施工现场就发生了灾难性的事故。罗布林在事故中不幸身亡，华盛顿的大脑也严重受伤。许多人都以为这项工程因此会泡汤，因为只有罗布林父子才知道如何把这座大桥建成。

尽管华盛顿丧失了活动和说话的能力，但他的思维还同以往一样敏锐，他决心要把父子俩费了很多心血的大桥建成。一天，他脑中忽然一闪，想出一种用他唯一能动的一个手指和别人交流的方式。他用那只手敲击他妻子的手臂，通过这种密码方式由妻子把他的设计意图转达给仍在建桥的工程师们。整整13年，华盛顿就这样用一根手指指挥工程，直到雄伟壮观的布鲁克林大桥最终落成。

当你想要放弃时，不妨想想这个故事，只要愿意坚持，也许阳光就在转弯的不远处，如果此刻放弃，我们将永远看不到成功的希望。

联想到我们日常的工作和生活，遇到失意或悲伤的事情时，我们一样要学会调整自己的心态。如果你的演讲、你的考试和你的愿望没有获得成功；如果你曾经因为鲁莽而犯过错误；如果你曾经尴尬；如果你曾经失足；如果你被训斥和谩骂……那么请不要耿耿于怀。对这些事念念不忘，不但于事无补，还会占据你的快乐时光。抛弃它吧！把它们彻底赶出你的心灵。如果你的声誉遭到了毁坏，不要以为你永远得不到清白，怀着坚定的信念勇敢地走向前吧！

也许打开门的正是最后一把钥匙

成功，有时就薄如一张纸，穿过了你自会知道，但是，在没有抵达之前，它看上去是那么遥远！在这条道路上，你没有耐心去等待成功的到来，那么，你只好用一生的耐心去面对失败。

有位小伙子爱上了一位美丽的姑娘。他壮着胆子给姑娘写了一封求爱信。没几天她给他回了一封奇怪的信。这封信的封面上署有姑娘的名字，可信封内却空无一物。小伙子感到奇怪：如果是接受，那就明确说出；如果不接受，也可以明确说出，或者干脆不回信？

小伙子鼓足信心，日复一日地给姑娘写信，而姑娘照样寄来一封又一封的无字信。一年之后，小伙子寄出了整整99封信，也收到了99封回信。小伙子拆开前98封回信，全是空信封。对第99封回信，小伙子没有拆开它，他再也不敢抱任何希望。他心灰意冷地把那第99封回信放在一个精致的木匣中，从此不再给姑娘写信。

两年后，小伙子和另外一位姑娘结婚了。新婚不久，妻子在一次整理家务时，偶然翻出了木匣中的那封信，好奇地拆开一看，里面的信纸上写着：已做好了嫁衣，在你的第100封信来的时候，我就做你的新娘。

第三辑　关于未来　每一个不曾起舞的日子，都是对生命的辜负

当夜，已为人夫的小伙子爬上摩天大厦的楼顶，手捧着99封回信，望着万家灯火的美丽城市，不觉间已是潸然泪下。

因为屡屡碰壁，便放弃努力，最终与梦想擦肩而过，有多少人都是这样的？许多时候，真正让梦想遥不可及的并不是没有机遇，而是面对近在眼前的机遇，我们没有坚持到底。要知道，常常是最后一把钥匙打开了门。

美国有个年轻人去微软公司求职，而微软公司当时并没有刊登过应聘广告，看到人事经理迷惑不解的表情，年轻人解释说自己碰巧路过这里，就贸然来了。人事经理觉得这事很新鲜，就破例让他试了一次，面试的结果却出乎人事经理意料之外，他原以为，这个年轻人定然是有些本事才敢如此"自负"，所以给了他机会，然而年轻人的表现却非常糟糕，他对人事经理的解释是事先没有做好准备，人事经理认为他不过是找个托词下台阶，就随口应道："等您准备好了再来吧。"

一周以后，年轻人再次走进了微软公司的大门，这次他依然没有成功，但与上一次相比，他的表现已经好很多了。人事经理的回答仍同上次："等您准备好了再来吧。"

就这样，这个年轻人先后5次踏进微软公司的大门，最终被公司录取。

做人的道理，就好比堆土为山，只要坚持下去，终归有成功的一天。否则，眼看还差一筐土就堆成了，可是到了这时，你却歇了下来，一退而不可收拾，也就会功亏一篑，没有任何成果。所以说，只有勤奋上进，不畏艰辛一往无前，才是向成功接近的最好途径。

执着，能使成功成为必然

有些人总将别人的成功归咎于运气。诚然，是有那么一点点运气的成分，但运气这东西并不可靠，你见过哪一个人是完全依靠运气成功的？而执着，却能使成功成为必然！执着，就是要我们在确立合理目标以后，无论出现多少变故、无论面对多少艰难险阻，都不为所动，朝着自己的目标坚定不移地走下去。一个人若想好好地生存，就需要这种忍耐与坚持。

几年前，35岁的普林斯因公司裁员，失去了工作。从此，一家人的生活全靠他打零工挣钱来维持，经常是吃了上顿没下顿，有时甚至一天连一顿饱饭也吃不上。为了找到工作，普林斯一边外出打工，一边到处求职，但所到之处都以没有空缺职位为由，将其拒之门外。然而，普林斯并不因此而灰心。他看中了离家不远的一家名为底特律的建筑公司，于是给公司老板寄去了第一封求职信。信中他并没有将自己吹嘘得如何有才干，也没有提出任何要求。只简单地写了这样一句话："请给我一份工作。"

这家建筑公司的老板约翰逊在收到这封求职信后，让手下人回信告诉普林斯，"公司没有空缺"。但是他仍不死心，又给这家公司老板写了第二封求职信。这次他还是没有吹嘘自己，只是在第一封信的基础上多加了一个"请"字："请请给我一分工作。"此后，普林斯一天给公司写两封求职信，每封信的内容都一样，只是在信的开头比前一封信多加一个"请"字。

3年间，普林斯一共写了2500封信。这最后一封信有2500个"请"字，接着还是"给我一份工作"这句话。见到第2500封求职信时，公司老板约翰逊再也沉不住气了，亲笔给他回信："请即刻来公司面试。"

面试时，公司老板约翰逊愉快地告诉普林斯，公司里有项很适合他的工作：处理邮件。因为他很有写信的耐心。

当地电视台的一位记者获知此事后，对普林斯进行了采访，问他：为什么每封信都只比上一封信多增加一个"请"字？

普林斯平静地回答："这很正常，因为我没有打字机，只能用手写。每次多加一个'请'字，是想让他们知道这些信没有一封是复制的。"

这位记者还问公司老板，为什么录用了普林斯？

老板约翰逊不无幽默地回答："当你看到一封信上有2500个'请'字时，你能不受感动？"

如果是你，你会不会这样做？也许不会，那你或许就要与成功失之交臂了。

所以，当我们遇到挫折时，请给自己一个信念：马上行动，坚持到底！成功者绝不放弃，放弃者绝不会成功！我们要坚持到底，因为我们不是为了失败才来到这个世界的！所以当你打算放弃梦想时，告诉自己再多撑一天、一个星期、一个月，再多撑一年，你会发现，拒绝退场的结果往往令人惊讶。

第六章　成长，是一辈子都在走的路

成长是一件最漫长的事情，漫长至终生。不要觉得人生到了某一阶段，就可以评判和总结许多事情，因为，人生还远远没有结束。你并无法预料未来是个什么样子，是成是败。人生，经不起耽搁，唯一能做的，就是不断学习和成长。坚持着一颗不断追求成长的心，走过岁月，依然年轻。

你可以对现状满意，但不要满足

满足于"一天三顿饱，老婆孩子热炕头"的人，觉得一辈子捧着"铁饭碗"就很好的人，永远没有成功的机会，"够用就行，要那么多钱干吗"这句话是那些不会乃至赚不到钱的人聊以自慰的借口罢了。

这些平庸的行为源于思想的苍白无力，思想的贫乏则归根于所见之狭隘。人生无常，没有永远不变的事物，守着固定的概念，则永远无法突破自我，臻于完美。就生命的意义及生活目标的实现程度而言，平庸就是失败，甚至比失败更可怕，只是大多数人并没有意识到这种糟糕的状况。

有这样一位朋友，他在20世纪80年代末随单位来到深圳参加黄田国际机场的建设工作。改革开放后的特区给了他接触新世界的机会，然而由于当时头脑里的固化观念，他拒绝了某公司承诺的"年薪8万元"的邀请，在黄田机场完工后随单位离开深圳，到了广东梅州市一个山区县做水库工程。在县城里开了一个工程机械配件经营部，生意还不错。1995年，工程结束，他放弃了配件经营部，又随单位回到哈尔滨。至今已经近20年了。

在一般人看来，他的生活还不错，衣食无缺，旱涝保收，但他却对自己20年前的选择懊悔不已。他说："由于我当时没有对自己做出正确的判断，没有对生活做出正确的判断，没有对身处的社会做出正确的判断，所以今天当我在面对岗位竞争危机时、当我为子女购房花光所有积蓄时，我才知道：原来是过去错误的想法决定了我现在糟糕的状况。现在，我就快退休了，可能有人觉得退休以后就可以享清福了，但退休以后我要面对的是什么呢？是百无聊赖的生活，是疲惫不堪的身体，是勉强可以度日的退休金，甚至家中出现一点变故，我都有可能捉襟见肘。如果可以给我一次重新选择的机会，我想我能做出正确的选择，但生命就这一次，回不到从前了。"

我们未来的状况取决于现在的想法。如果有人还抱着这位朋友二十年前的观念不放，那么可以预见，他的未来肯定就是这样百无聊赖的，甚至是老无所依的。生活要求我们必须做出改变！改变的第一步，就是放大你的追求。所有伟大的事业都起源于伟大的追求，所有伟大的成功者同时都是伟大的追求者。追求是一切成就的起点，是整

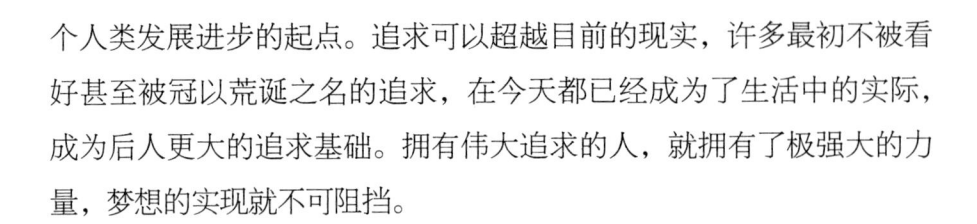

个人类发展进步的起点。追求可以超越目前的现实,许多最初不被看好甚至被冠以荒诞之名的追求,在今天都已经成为了生活中的实际,成为后人更大的追求基础。拥有伟大追求的人,就拥有了极强大的力量,梦想的实现就不可阻挡。

成长的道路上你永远不能停步

人生的道路上你不能停步,因为你停步不前,但有人却在拼命赶路。也许此时你站在这里,他还在你的后面,但当你再一回望时,可能就看不到他的身影了,因为,他已经跑到了你的前面,现在反过来需要你去追赶他了。所以,想保住自己的生存地位,你不能停步,你要不断向前,最好不断超越。

霍华德就职于华盛顿的一家金融公司,做他最擅长的人事工作。不久前,他的公司被一家德国公司兼并了。在兼并合同签订的当天,公司的新总裁宣布:"我们愿意留下这里的老员工,因为你们拥有娴熟的工作技术,你们都曾为这家公司做过贡献,但如果你的德语太差,导致无法和其他员工交流,那么,不管职位多高的人,我们都不得不遗憾地请你离开。这个周末,我们将进行一次德语考试,只有合格的人才能继续在这里工作。"

下班后,几乎所有人都停止了娱乐活动,他们必须要抓紧时间补习德语了。而霍华德却像往常一样出去休闲了，看来，霍华德已经放弃了这份工作。"这个不求上进的家伙！"同事们如是说道。

然而，令所有人意想不到的是，考试结果出来以后，这个在大家眼中没有希望的人却考了全场最高分。原来，霍华德早在初进公司时就发现，这家公司与德国人有很多的业务往来，不懂德语会使自己的工作受到很大的限制，所以，他从那时起就开始利用一切可以利用的时间学习德语了。最终学有所获。而他的很多同事，工作能力并不差，但却只能遗憾地离开了。

如果你每天落后别人半步，一年后就是一百八十三步。那么就算你甩断膀子、跑断腿，你也决然不会赶上人家。竞争的实质，就是在最快的时间内做最好的东西，人生最大的成功，就是在有限的时间内创造无限的价值。最快的冠军只有一个，任何领先，都是时间的领先！有时我们慢，不是因为我们不快，而是因为对手更快，那么你就必须让自己更加紧迫起来。

知足不前，就会迎来危机

21世纪，没有危机感就是最大的危机。你想一成不变，可这个世界一直再变，并且它不会因为你的停顿而停滞不前。大形势要求我们必须做出改变。

看看那些身经百战的企业家是怎么说的：

微软的比尔·盖茨说："微软离破产永远只有18个月。"

海尔的张瑞敏总是感觉："每天的心情都是如履薄冰，如临深渊。"

联想的柳传志一直认为："你一打盹，对手的机会就来了。"

百度的李彦宏一再强调："别看我们现在是第一，如果你30天停止工作，这个公司就完了。"

别以为那都是企业家们的事情，事实上你的生活一样危险。在这个不断更新的社会中，一个人的成长过程就像是学滑雪一样，稍不留心就会摔进万丈深渊，只有忧虑者才能幸存。

肖磊曾在一家企业担任行政总监，而如今只是一名待业者。在他成为公司的行政总监之前，他非常能折腾自己，卖命地工作，并且不断地学习和提升自己。他在行政管理上的才华很快得到了老板的肯定，工作3年之后他被提拔为行政主管，5年之后他就升到了行政总监的位置上，成了全公司最年轻的高层管理人员。

然而升职以后，拿着高薪，开着公司配备的专车，住着公司购买的豪宅，在生活品质得到极大提升的同时，他的工作热情却一落千丈。他开始经常迟到，只为睡到自然醒；他也开始经常请假，只为给自己放个假；他把所有的工作都推给助手去做。当朋友们劝他应该好好工作的时候，他却说："不需要那么折腾了，坐到这个位置已经是我的极限了，我又不可能当上老总，何必把自己折腾得那么辛苦？"

这时的他俨然把更多精力放在了享乐上。就这样，他在行政总监的位置上坐了差不多2年的时间，却没有一点拿得出手的成绩，又有朋友提醒他："应该上进一点了，没有业绩是很危险的。"

第三辑　关于未来　每一个不曾起舞的日子，都是对生命的辜负

没想到，他却不以为然："我是公司的功臣，公司离不开我，老板不会辞退我的。"

的确，公司很多工作确实离不开他。然而，他的消极怠工最终还是让老板动了换人的念头。终于有一天，当他开着车像往日一样来到公司，优越感十足地迈着方步踱进办公室时，他看到了一份辞退通知书。肖磊就这样被自己的不思进取淘汰掉了。

被辞退了，高薪没了，车子退了，豪宅也收回了，这时的他不得不去租一间小得可怜、上厕所都不方便的单间。

很多人都像上面这位老兄一样，自以为不可替代，其实，这个时代缺少很多东西，但独独不缺的就是人，所以，真的别顺从自己的那根懒筋。

人常说"知足是福"，的确，知足的人生会让我们体会到什么是美好，会让我们知道什么东西才值得去珍惜；但不满足也会告诉我们，其实我们还可以做得更好，我们还可以更进一步。所以，人生要学会知足，但不要轻易满足。在现代社会，竞争的激烈程度不言而喻，无论从事哪种职业，都需要一定的危机感。从某种程度上说，危机感也是一把双刃剑，有时人的危机感过于膨胀，的确会让人心力交瘁，甚至在压力下走向崩溃。可是，如果我们假设一下没有危机感的情形，就会发现，假如危机感消失，那么大到国家小到个体，就都会进入一种自满无知的状态。这种满足感就像酒精一样，麻木了他们的感官，模糊了他们的视线，使他们无法看到大局、长远目标，以及自身所面临的危机。

就像我们前面提到的肖磊，无论他曾经多么的出色，无论他曾为公司做出过多少贡献，从他自我满足、放弃进步的那一刻开始，他的一切就将变得消极被动。这时的他是一种"当一天和尚撞一天钟"的

心态,他把自己所做的每一件事只是当作任务来完成而已,不再思考如何做得更好;这时的他也最容易忽视竞争的存在,自以为已经在竞争中遥遥领先,那么就会像和乌龟赛跑的兔子一样,把自己的优点经营成一种笑话。相反,即使一个人能力并不出众,智慧也不超常,但只要他不安于现状,他愿意不停地更新自己,力求把每一件事都做到最好,他依然能够获得成功。

所以说,人不能一直停留在舒适而具有危险性的现状之中,因为当你停下前进的脚步时,整个世界并没有和你一起停下,你周围的人仍在不停地前进着。

自己认准的路就要一直走下去

当你准备走一条陌生的路,你要走你认为对的那条路,因为那些路究竟通向哪里你并不清楚,只有走下去才知道正不正确。

有3个一起在大山里长大的男人要去城里打拼。他们结伴而行,一路上风餐露宿,幕天席地,遭遇暴雨狂风,翻过座座高山,涉过条条大河,终于来到了一座繁华热闹的集镇。这里有三条大路,其中只有一条能够通往城市,但谁也说不清究竟哪条才是。

A说:"我爹这辈子一直告诉我,'听天由命',我就闭上眼睛选一条,碰碰运气好了。"他随便选了一条,走了。

第三辑　关于未来　每一个不曾起舞的日子，都是对生命的辜负 ‖

B说："谁叫咱们生在那个穷地方呢，我没读过书，盘算不出走哪条路最有可能，我就走A旁边的那条大路吧。"说完，他拍拍屁股也走了。

剩下的是一条小路，C也拿不定主意。他想了又想，决定还是先去镇子里问问长者。长者听了他的话，摇了摇头："没人到过城市，因为它太远了。而且我们这里的生活过得也不错。不过，孩子，我可以把我祖父的话告诉你———走自己认为是对的路。"

C记着长者的话，踏上了那条小路，去追寻他的城市之梦。他经历的痛苦、艰难无与伦比，但是，每一次挫折、每一回失败他都挺了过来。每每他觉得自己快要受不了的时候，便对自己说"走错的也是自己的路"，于是他挺过来了。

两年后，他终于见到了朝思暮想的城市，他能吃苦，有毅力，从最底层的工作做起———擦皮鞋、捡垃圾、端盘子，后来他成为一家公司的普通职员、蓝领、白领，直到自己独立注册了一家公司。

30年后，C老了，他把公司交给儿子打理，只身回乡探亲。依然是那个贫穷的小山村，依然是茅屋泥墙。A和B早已回到这里，依然过着日出而作日落而息的日子，3个人各自叙述离别后的故事。A沿着大路走了5个月，路越来越窄，野兽出没，某日黄昏，他还差一点被豺狼分尸，他害怕了，灰溜溜地回来了。B所遭遇的情景和A差不多，回来之后，他觉得自己这辈子都再抬不起头来了。C叹息地说："我走的路和你们的一模一样，唯一不同的是，我选定了就绝不回头。"

其实，每条路都能通向城市，走自己认为是对的路，坚持走下去不要回头，只要你认为它是对的。

239

无论情况多坏，都别轻易认输

每个成功者都有自己的特色，但他们又都有一个共同点——不服输的精神。这个力量不是外力强加的，是内心的力量，这个力量所向无敌。

成功源于不服输，放弃了就是前功尽弃，眼睁睁地看着别人取得胜利。那些成功者们，经历了太多的惊心动魄，即使时过境迁，有很多人已经退出了人生的赛场，这种气质和精神却沉淀了下来，他们的眼神里就透着不服输的精神。

2010世界杯来临之际，德国战车开足了马力，所有人都摩拳擦掌准备在世界杯上大显身手。然而，就在这最关键的时刻，一个意外差点毁灭了德国队关于世界杯的所有梦想——巴拉克因伤不能出战世界杯。全世界的球迷都知道巴拉克对于德国队有多么重要，曾经有人说这个德国队的精神领袖一个人就可以抵得上半支球队。

遭受了巨大打击的德国队以残缺的阵容开始了世界杯之旅。没有人看好这支本来就状态一般现在又缺少了核心的德国队。然而，在接下来的比赛里，所有人都看傻了眼。在这届进球不多比赛沉闷的世界杯中，德国队不仅每场都有华丽漂亮的进球，而且战胜了一个又一个强大的对手。尤其是年仅21岁的穆勒表现得极其出色，无论是进球还是助攻，都成为本届世界杯上最耀眼的明星。

第三辑 关于未来 每一个不曾起舞的日子，都是对生命的辜负

当进入淘汰赛之后不久，德国队遇到了夺冠呼声极高的阿根廷队。阿根廷的潘帕斯雄鹰们不仅拥有梅西这样出类拔萃的球星，还有着几乎无懈可击的攻防能力，在球王马拉多纳的带领下更是一路高歌猛进。几乎无法阻挡。

在这场生死大战之前，有记者采访穆勒，问他是否感受到了巨大的压力，穆勒表情严肃地告诉记者："阿根廷是夺冠的大热门，是一支非常强大的球队，但不管遇到多么强悍的对手，我们都必须选择死战不退，宁可跑断腿，也不能放弃对成功的渴望。"比赛开始之后，穆勒果然表现出了极其强烈的求胜心，几乎是不顾一切地疯狂奔跑进攻着。穆勒不要命的打法让防守他的阿根廷队员们感到了巨大的压力，一时间阿根廷队的后防线险象环生。在穆勒的带领下，德国队彻底爆发了！一轮接一轮如同潮水一样的进攻将阿根廷队的后防线和意志彻底摧毁！

当比赛哨声结束的时候，全世界都被震惊了！德国队以一场大胜向所有人展示了日耳曼人的坚强和勇敢，尤其是穆勒，以自己的表现赢得了全世界的尊重。当他走到场边向观众致谢的时候，全场几万名观众纷纷起立，将掌声和尊敬献给了这位足球场上的英雄！

当这届世界杯结束之后，穆勒凭借助攻次数多的优势，成为2010年南非世界杯最佳射手，为德国队成功卫冕了世界杯金靴奖。

人生路上，我们总会遇到比自己强大的对手和看似无法战胜的困难，你会觉得自己失败的概率很高，在你几乎认定自己会输的时候，对自己说一句："我不能把胜利拱手相让！"点燃心中的斗志，即使胜算低，也要奋力一搏。谁能保证你不会超常发挥呢？谁能保证你的对手不会出错呢？世事难料，只有认真地去做了，才会知道结果。

当所有人都认为你不可能会赢的时候，你更不能放弃，你要向他

们证明他们是错的。别人越是不看好你的时候,你就越是要给自己信心,问自己一句:"总有人要赢的,那为什么不能是我?"不想看见别人举着奖杯欢笑的样子,而自己只能在角落里羡慕,就要勇敢地迎接挑战,争取成为那个接受鲜花和掌声的胜利者。

永远为下一个未来继续努力

有人向美国薪水最高的职业经理询问成功的秘诀,他说:"我还没有成功呢!没有人会真正成功,前面还有更高的目标。"

在追求卓越的人眼里,成功是不封顶的,在每个明天,都要比今天前进一步。

姬十三儿时的梦想是做一名科学家,所以大学选修的是生物专业,从 2001 年到 2007 年,这个神经生物系的博士一直窝在复旦某个实验室里与白鼠为伍。

读博期间,姬十三开始向媒体投稿。那时他的文笔以幽默见长,擅长将枯燥的科学知识用好玩的故事讲出来。

2007 年,临近博士毕业,姬十三面临人生的重要选择。他可以像大多数同学一样,毕业后拿着优秀的论文申请出国读博士后,也可以留下来找个院校当副教授,或是去外企当白领。他分别去了一家事业单位和一个制药公司实习,但那两段经历给他的感觉并不好,"一眼可以望穿三五年之后的样子",他觉得这是很恐怖的事情。最后,他决定不走寻常路，重新确立梦想，做一名自由撰稿人。

姬十三开始撰写科普类文章，由于科普文章受众很小，最初投稿无门，只得群发邮件给有限的几本科普杂志社。这些科普小文章为他迅速赚来大批粉丝，也带来每月近万元的收入，生活不成问题。但专栏作家当久了，他觉得这种生活仿佛没有尽头，他想做更大事情。

2008年，他和几个科学发烧友一拍即合，组织一个供科学作者、译者、编辑和记者交流的小平台，起名"松鼠会"。希望他们这伙人能够像松鼠一样，打开科学的坚硬外壳，让人们领略到科学的美妙。

但"松鼠会"只是一个非营利的公益组织，资金短缺是他们不得不面对的严峻问题。最初规模小的时候还好，大家一边工作，一边利用业余时间写作，操办线下活动，但随着规模的不断扩大，资金问题便无法逃避了。

最后，姬十三和几个股东东拼西凑弄来30万元，注册了一家"松鼠文化传播公司"，以出书、帮电视台策划科普节目、做企业社会责任报告等业务赚钱维持"松鼠会"。公司的第一笔业务是给CCTV10"绿色空间"栏目组的科学节目做策划，这让"松鼠会"一下子更有名气了。后来，公司有股东希望利用"松鼠会"的品牌赚钱，姬十三也意识到，再次"求变"不可避免。

2010年11月，"松鼠会"终于找到一条两全的发展新路，他们成立了"果壳传媒"，旗下包括"果壳网""果壳阅读"以及品牌合作。用商业反哺它的公益。分家后的"果壳传媒"获得了曾经投资"豆瓣"的挚信资本的资金支持，姬十三长舒一口气，"终于不差钱了！"

以"果壳"养"松鼠"，让松鼠跑得更远，是姬十三新的奋斗目标。有人问姬十三："你现在还有梦想吗？"姬十三说："梦想永远不会有停歇。梦想停止了，人生就没有意义了。"

人永远不能停止梦想。梦想是心灵的养料，就像饭菜是身体的给养。如果你还想成长，就让每一个今天都比昨天强。

千万不要让人生落入空当。就像开一部手排挡的车，你必须总是做好换挡的决定。同样的道理也适用于人生的目标。一旦达成目标，就朝着另一个更大更好的目标迈进。

就算我们看见自己的梦想破碎了，渴望落空了，但我们仍需做梦。否则心灵就会枯死，生活就会毫无乐趣可言。